高等中医药院校实验实训特色教材

基础化学实验

（有机化学和物理化学分册）

（供中药学、药学、生物工程等专业用）

主　审　杨怀霞

主　编　李晓飞　杨　静

副主编　王新灵　张京玉

　　　　程　迪　武香香

中国中医药出版社

·北　京·

图书在版编目（CIP）数据

基础化学实验. 有机化学和物理化学分册/李晓飞，杨静主编. —北京：中国中医药出版社，2017.7（2022.3 重印）

高等中医药院校实验实训特色教材

ISBN 978-7-5132-3724-6

Ⅰ. ①基⋯ Ⅱ. ①李⋯ ②杨⋯ Ⅲ. ①有机化学-化学实验-中医药院校-教材 ②物理化学-化学实验-中医学院-教材 Ⅳ. ①06-3

中国版本图书馆 CIP 数据核字（2016）第 260770 号

中国中医药出版社出版

北京经济技术开发区科创十三街 31 号院二区 8 号楼
邮政编码 100176
传真 010-64405721
河北品睿印刷有限公司印刷
各地新华书店经销

开本 787×1092 1/16 印张 10.5 字数 236 千字
2017 年 7 月第 1 版 2022 年 3 月第 4 次印刷
书号 ISBN 978-7-5132-3724-6

定价 42.00 元
网址 www.cptcm.com

服 务 热 线 010-64405510
购 书 热 线 010-89535836
侵 权 打 假 010-64405753

微信服务号 zgzyycbs
微商城网址 https：//kdt.im/LIdUGr
官 方 微 博 http：//e.weibo.com/cptcm
天猫旗舰店网址 https：//zgzyycbs.tmall.com

高等中医药院校实验实训特色教材

《基础化学实验》（有机化学和物理化学分册）编委会

主　审　杨怀霞

主　编　李晓飞　杨　静

副主编　王新灵　张京玉　程　迪　武香香

编　委（按姓氏笔画排序）

邢爱萍　吕瑞红　孙德梅　时　博

苑　娟　钟　铮　徐会敏　高　巍

密　霞　韩永光　褚意新

编写说明

　　基础化学是中药学、药学、生物工程等专业重要的专业基础课，旨在培养学生化学实验基本技能和技术，为药学专业课打下坚实基础。本书包括有机化学和物理化学两个部分，全书共十三章。

　　有机化学部分由杨静主要负责，共七章，包括有机化学实验的基本常识，有机化学实验技术，基本有机实验技术，基本有机化合物的制备实验，有机化学设计性实验，天然有机化合物提取实验，有机化合物性质实验。

　　物理化学部分由李晓飞主要负责，共六章，包括物理化学实验简介，物理化学实验数据的常用处理方法，常用物理化学参数的测定，分散系的制备与性质实验，物理化学综合设计性实验，常用物理化学仪器的原理与使用方法。

　　本教材主要适用于中药学、药学、生物工程等专业学生使用，编写内容注重基本技能的训练，同时也旨在培养学生运用有机化学、物理化学等实验技术解决药学生产过程中的问题的能力。

　　由于时间仓促及编者水平有限，书中若有不妥和错误之处，敬请各位专家、教师及学生多提宝贵意见，以便再版时修订提高。

《基础化学实验（有机化学和物理化学分册）》编委会
2016 年 10 月

目　录

第一部分 有机化学实验

第一章 有机化学实验的基本常识 ▷▷▷▷

第一节 有机化学实验教学目的和实验室规则

有机化学是一门实验性学科，有机化学实验是有机化学教学的重要组成部分，学习有机化学必须认真做好有机化学实验。有机化学实验教学的目的和任务是：加强和帮助学生理解课堂的理论知识，使学生学会理论联系实际解决具体问题，树立条理清晰的工作习惯、认真细致的工作作风，以及严谨务实的科学态度；使学生掌握各类相关仪器的使用，培养其准确取得实验数据和做出结果判断的能力；培养学生的基本操作技能，掌握化合物的一般制备、分离提纯及鉴定的实验方法；培养其查阅文献、记录数据、总结撰写实验报告等的文字能力。

有机化学实验是在教师的正确引导下由学生独立完成的，为了保证有机化学实验课正常、有效、安全地进行，并保证实验课的教学质量，学生必须遵守有机化学实验室的以下规则。

1. 必须遵守实验室的各项规章制度，听从指导教师的安排。

2. 课前认真预习，明确实验目的，理解实验原理，了解实验所涉及的基本操作，切记实验中的关键步骤及难点，以及所用药品的性质和注意事项，并写好实验预习报告，没有达到预习要求者，不得进行实验。

3. 实验前，先清点所用仪器，如发现破损，立即向指导教师声明补领。如在实验过程中损坏玻璃仪器，应填写破损单并按一定比例赔偿。

4. 实验时严格按操作规程正确操作，认真、仔细观察实验现象，积极思考，并随时将实验现象和数据如实记录在报告本上。使用精密仪器时，必须严格按照操作规程进行操作，避免损坏仪器，如发现仪器有故障，应报告指导教师，及时排除故障。若因严重违反操作规程造成仪器损坏者，应承担一定的赔偿责任。

5. 实验过程中，不得大声喧哗、打闹，不得擅自离开实验室。不能穿拖鞋、背心等暴露过多的服装进入实验室，实验室内不能吸烟和吃食物。

6. 应始终保持桌面和实验室的整洁，实验台上的仪器要摆放整齐、有序，台上不留水滴，不放书包或与实验无关的书籍、物品。实验中或实验后的废物、废液、碎玻璃等应分别倒入指定地方，严禁倒入水槽中，以免腐蚀和堵塞水槽及下水道。

7. 要爱护公物。公用仪器和药品应在指定地点使用，用完后及时放回原处，并保持其整洁。节约药品，药品取完后，及时将盖子盖好，严格防止药品的混错或沾污。试剂瓶中试剂不足时，应报告指导教师及时补充。

8. 实验完成后，实验所得产品应做好标记，交由指导教师统一回收保管。

9. 实验结束后，将个人实验台面打扫干净，清洗、整理仪器。学生轮流值日，值日生应负责整理公用仪器、药品和器材，打扫实验室卫生，离开实验室前应关闭水、电、气及门窗。实验室一切物品不得带出。

10. 学生值日完毕要把垃圾倒在指定地点，并认真填写"实验室使用登记簿"。经检查合格后，值日生方可离开。

第二节 有机化学实验室的安全常识

由于有机化学实验中经常接触到的各种化学药品多数是有毒、易燃、有腐蚀性或有爆炸性的，所用的仪器大部分是玻璃制品，所以，在有机化学实验中若粗心大意，就容易造成割伤、烧伤，乃至火灾、中毒或爆炸等事故。但是，只要实验者集中注意力，严格执行操作规程，加强安全措施，这些事故都是可以预防和避免的。下面介绍有机化学实验室的安全注意事项和实验室事故的预防和处理。

一、有机化学实验室的安全注意事项

1. 熟悉安全用具如石棉布、灭火器、沙桶、洗眼器及急救药箱等的放置地点和使用方法，并妥善爱护。安全用具和急救药品不准移作他用。

2. 实验前应检查仪器是否完整无损，装置是否正确，在征得指导教师同意之后，才可进行实验。

3. 实验进行时，不得离开岗位，要注意反应进行的情况和装置有无漏气和破裂等现象。

4. 养成良好的自我保护习惯，做实验时必须穿长袖工作服；当进行有可能发生危险的实验时，要根据实验情况采取必要的安全措施，如戴防护眼镜、面罩或橡皮手套等，但不能戴隐形眼镜。

5. 实验室任何药品不得进入口中或伤口，有毒药品更应注意。决不允许任意混合各种化学药品，以免发生意外。

6. 浓酸、浓碱等具有强腐蚀性的药品，切勿溅在皮肤或衣服上，尤其不能溅入眼睛中。

7. 极易挥发和易燃的有机溶剂（乙醚、丙酮、乙醇等），使用时必须远离明火，用后立即塞紧瓶塞，放在阴凉处。

8. 加热时，要严格遵从操作规程。制备或使用有毒、刺激性、恶臭的气体时，必须在通风橱内进行。

9. 注意用电安全，不得用湿手按触电源插座。

10. 严禁在实验室内饮食、吸烟、打闹，实验结束时必须洗净双手方可离开实验室。

11. 如果不小心发生被割伤、烫伤等小型事故，应赶快告诉老师，做初步的处理（如包扎、冷却、洗涤等）后，到医院请医生医治。如果自己的实验突然起火，不要惊慌失措、大呼小叫，更不能悄悄自己逃走。应首先切断电源，然后用石棉布、湿布、沙子等物品将火源盖灭，不可乱用水浇。

二、实验室事故的预防

（一）火灾的预防

实验室中使用的有机溶剂大多数是易燃的，着火是有机实验室常见的事故之一，应尽可能避免使用明火。防火的基本原则有下列几点。

1. 在操作易燃的溶剂时要特别注意远离火源，加热必须在水浴中进行，切勿密闭加热或放在敞口容器中（如烧杯）直火加热。当附近有露置的易燃溶剂时，切勿点火。

2. 在进行易燃物质试验时，应养成先将酒精一类易燃物质搬开的习惯。

3. 蒸馏易燃溶剂，整套装置切勿漏气，如发现漏气时，应立即停止加热，检查原因。若因塞子被腐蚀时，则待冷却后，才能换掉塞子。接收瓶不宜用敞口容器如广口瓶、烧杯等，而应用窄口容器如锥形瓶等。接收瓶支管应与橡皮管相连，使余气通往水槽或室外。

4. 需加热到沸腾的溶液必须在加热前加入沸石，以防溶液暴沸冲出。若加热后发现未放沸石时，绝不能急躁，不能立即打开瓶塞补放，而应停止加热，待稍冷后再放，否则在过热溶液中放入沸石会导致液体迅速沸腾，冲出瓶外而发生火灾等事故；如果沸腾过程中停火冷却，随后再加热沸腾需重新添加沸石。

5. 严禁用火焰直接加热烧瓶，瓶内液体量不能超过瓶容积的 2/3；加热速度宜慢，过快会导致局部过热。

6. 用油浴加热蒸馏或回流时，必须十分注意避免由于冷凝用水溅入热油浴中致使油外溅到热源上而引起火灾的危险。通常发生危险的原因主要是橡皮管套进冷凝管时不紧密，开动水阀过快，水流过猛把橡皮管冲出来，或者由于套太松漏水。所以，使用橡皮管前应认真检查是否老化，若有老化应及时剪掉老化的一段，或更换新的橡皮管；橡皮管套入冷凝管侧管时要紧密，开动水阀时也要慢动作，使水流慢慢通入冷凝管内。

7. 当处理大量的可燃性液体时，应在通风橱中或指定地方进行，室内应无火源。

8. 不得把燃着或者带有火星的火柴梗或纸条等丢入垃圾桶或废物缸，否则会发生危险。

（二） 爆炸的预防

有机化学实验中一般预防爆炸的措施如下。

1. 在普通蒸馏、减压蒸馏、精馏时，容器内液体不能完全蒸干，应有少量残余，以免局部过热或产生过氧化物而发生爆炸。蒸馏装置必须正确，应使装置与大气相连通，严禁密闭体系操作。减压蒸馏时，不能用三角烧瓶、平底烧瓶、锥形瓶、薄壁试管等不耐压容器作为接收瓶或反应瓶，否则易发生爆炸，而应选用耐压的圆底烧瓶或梨形瓶作为接收瓶或反应瓶。均不能将液体蒸干。

2. 切勿将盛有易燃有机溶剂的容器接近火源，有机溶剂如醚类和汽油一类物质的蒸气与空气相混时极为危险，可能会由一个热的表面或者一个火花、电花而引起爆炸。

3. 使用乙醚等醚类时，必须检查有无过氧化物存在，如果发现有过氧化物存在时，应立即用硫酸亚铁除去过氧化物，才能使用。同时，使用乙醚时应在通风较好的地方或在通风橱内进行。

4. 对于易爆炸的化合物，如叠氮化物、多硝基化合物、重金属乙炔化物、苦味酸金属盐等都不能重压或撞击，以免引起爆炸，对于这些危险的残渣，必须小心销毁。例如，重金属乙炔化物可用浓盐酸或浓硝酸使它分解，重氮化合物可加水煮沸使它分解等。

5. 卤代烷勿与金属钠接触，因反应剧烈易发生爆炸。钠屑必须放在指定的地方。

（三） 中毒的预防

大多数化学药品都具有一定的毒性，主要是通过呼吸道和皮肤接触有毒物品而对人体造成危害。因此，预防中毒应做到以下几点。

1. 禁止直接用手取用任何化学药品，应使用药匙、量器等称量药品。严禁品尝药品试剂，不得用鼻子直接闻，而是用手轻轻扇动容器口上方的空气，使带有一部分该气体的气流飘入鼻孔。

2. 剧毒药品应妥善保管，不许乱放，实验中所用的剧毒物质应有专人负责收发，并向使用毒物者提出必须遵守的操作规程。实验后的有毒残渣必须做妥善而有效的处理，不准乱丢。有些剧毒物质会渗入皮肤，因此，接触这些物质时必须戴橡皮手套，操作后应立即洗手，切勿让毒品沾及五官或伤口。例如，氰化钠沾及伤口后就会随血液循环至全身，严重的会造成中毒死伤事故。

3. 在反应过程中可能生成有毒或有腐蚀性气体的实验应在通风橱内进行，使用后的器皿应及时清洗。在使用通风橱时，实验开始后不要把头部伸入橱内。

（四） 触电的预防

使用电器时，应防止人体与电器导电部分直接接触，不能用湿手或用手握湿的物体接触电插头。为了防止触电，装置和设备的金属外壳等都应连接地线，实验后应切断电源，再将连接电源的插头拔下。

三、实验室事故的处理和急救

（一）　失火

实验室一旦发生火灾，不要惊慌失措，应保持沉着冷静，并采取各种相应措施，将损失降至最低。首先，为防止火势扩展，应立即关闭煤气灯，熄灭其他火源，拉闭室内总电闸，搬开易燃物质；然后根据燃烧物品的性质采取不同的灭火方法。

1. 电器着火时，应先切断电源，然后用二氧化碳灭火器或四氯化碳灭火器灭火（注意：四氯化碳蒸气有毒，在空气不流通的地方使用有危险！）。因为这些灭火剂不导电，不会使人触电。绝不能用水和泡沫灭火器灭火，因为水能导电，会使人触电甚至死亡。

2. 油类或有机溶剂等液体着火，可用防火布覆盖燃烧物并撒上细沙。应设法不使液体流散以防火焰蔓延。不溶于水、相对密度又比水小的液体燃烧时，切勿用水扑灭，因为用水达不到灭火的目的，反而使燃烧的液体随水漂流，使火焰蔓延，造成更大的灾害。

3. 身上或衣服着火，切勿奔跑，而应立即躺在地上打滚或用防火毯紧紧包住，直至火熄灭。

（二）　割伤

割伤时，要先取出伤口中的玻璃或固体物，再用消毒棉棒把伤口清理干净，或用蒸馏水洗净后，涂以碘酒或紫药水等抗菌药物，用消毒纱布包扎，防止感染，并定期换药。若伤口严重、流血不止时，可在伤口上部约 10cm 处用纱布扎紧，减慢流血，压迫止血，急送到医院就诊。

（三）　烫伤

一旦被火焰、蒸气、红热的玻璃或铁器等烫伤时，立即将伤处用大量水冲洗，以迅速降温，避免深度烧伤。若起水泡，不宜挑破，应涂以烫伤油膏，用纱布包扎后送医院治疗；对轻微烫伤者，涂以玉树油或鞣酸油膏。

（四）　灼伤

灼烧固体、加热液体时，应注意防止热物进出容器烫伤皮肤，尤其是眼睛。如果由于不慎或其他原因烫伤皮肤，若伤势较轻，可用大量自来水反复冲洗，再用 5％高锰酸钾溶液润湿伤处，或用苏打水洗涤，然后涂上烫伤药膏或凡士林并用纱布包扎；若伤势较重，应立即送医院诊治。试剂灼伤应根据不同试剂进行相应的处理。

1. 酸灼伤

酸灼伤后立即用大量水洗，再用 3％～5％碳酸氢钠溶液冲洗，最后用水洗。严重时要消毒，擦干后涂上药膏或急救后送医院诊治。若酸溅入眼内，应先抹去眼睛外面的酸，立即用水冲洗，用洗眼杯或将橡皮管套上水龙头用慢水对准眼睛冲洗后，立即到医院就诊，或者再用稀碳酸氢钠溶液洗涤，最后滴入少许蓖麻油。

2. 碱灼伤

碱灼伤后立即用大量水洗，再用1%～2%硼酸溶液（或1%醋酸溶液）洗，最后用水洗。严重时同上处理。如果碱溅入眼内，可用硼酸溶液洗，再用水洗。

3. 溴灼伤

被溴灼伤后的伤口一般不易愈合，必须严加防范。用溴之前必须先配制好适量20%的$Na_2S_2O_3$溶液备用。一旦有溴沾到皮肤上，应立即用$Na_2S_2O_3$溶液洗，再用水冲洗干净，涂上甘油，将伤处包好后就医。如眼睛受到溴蒸气的刺激，暂时不能睁开时，可对着盛有酒精的瓶口注视片刻。

4. 钠灼伤

钠灼伤后，可见的小块用镊子移去，其余处理与碱灼伤相同。

（五）中毒

具有毒性的有机化学试剂为数不少，实验前应该熟悉实验用毒性试剂的性状、使用规则及预防中毒的常识。实验时应严格按照规定方法使用，避免毒品撒落桌面，如偶有掉落应及时处理。实验时应确保衣服和手不沾毒物，实验后应把手洗净，以免毒物引入口中。使用完毕必须立即收集处理，把剩下的有毒药品交予指导老师，不得随意乱放，以确保安全。实验中遭到有毒物质伤害时，应及时处理。

溅入口中而尚未咽下的毒物应立即吐出来，用大量水冲洗口腔；如已吞下时，应根据毒物的性质服解毒剂，并立即送医院急救。

1. 腐蚀性毒物

对于强酸，先饮大量水，再服氢氧化铝膏、鸡蛋白；对于强碱，也要先饮大量水，然后服用醋、酸果汁、鸡蛋白。无论酸或碱中毒都要再以牛奶灌注，不要吃呕吐剂。

2. 刺激性及神经性中毒

先服牛奶或鸡蛋白使之缓和，再服用硫酸铜溶液（约30g硫酸铜溶于一杯水中）催吐，有时也可以用手指伸入喉部催吐后，立即到医院就诊。

3. 吸入气体中毒

将中毒者移至室外，解开衣领及纽扣并使其嗅闻解毒剂蒸气。另吸入大量氯气或溴气者，可用碳酸氢钠溶液漱口。

实验室应配备急救药箱，并应包括以下物品：①碘酒、双氧水、饱和硼砂溶液、1%醋酸溶液、5%碳酸氢钠溶液、70%酒精等。②玉树油、烫伤油膏、万花油、药用蓖麻油、硼酸膏或凡士林、磺胺药粉等。③消毒棉花、纱布、胶布、绷带、剪刀、医用镊子等。

四、有机化学品的毒性及化学废弃物排放

化学实验室大多数废气、废液和废渣（又称"三废"）都是有毒物质，其中还有些

是剧毒物质和致癌物质，如果对其不加处理而任意排放，不仅污染周围环境，损害人体健康，而且三废中的有用或贵重成分未能回收，在经济上也会造成损失。如 SO_2、NO_x、Cl_2 等气体对人的呼吸道有强烈刺激作用，对植物也有伤害作用；含 As、Pb 和 Hg 等化合物进入人体后，不宜分解和排出，长期积累会引起胃疼、皮下出血、肾功能损伤等；氯仿、四氯化碳等能致肝癌；多环芳烃能致皮肤癌等，因此化学实验室"三废"的处理是有必要且具有重要意义的。为了保证实验人员健康，防止环境污染，教师和学生必须清醒认识到实验室三废处理的重要性和迫切性，加强有毒有害废弃物的综合利用和无害化处理。对不得已必须排放的废弃物应根据其特点，做到分类存放、集中处理。处理方法不但要简单易操作，处理效率高，投资小，而且要尽最大可能使其被综合利用；无法循环使用的，进行无害化处理后按环保要求排入环境。

（一） 常用的废气处理方法

实验室中，对于产生少量有毒气体的实验应在通风橱内进行。通过排风设备将少量毒气排到室外（使排出气在外面大量空气中稀释），以免污染室内空气。产生毒气量大的实验必须备有废气处理设备。常用的废气处理方法有以下几种。

1. 溶液吸收法

溶液吸收法是采用适当的液体吸收剂处理气体混合物，以除去其中有害气体的方法。如使用 NaOH 稀溶液处理卤素、酸性气体（如 HCl、SO_2、H_2S、HCN 等）、甲醛、酰氯等；使用稀 H_2SO_4 或 HCl 处理氨气、胺类等；使用水吸收水溶性气体，如氯化氢、氨气等。为避免回吸，处理时用防止回吸的仪器。

2. 固体吸收法

固体吸收法是将废气与固体吸收剂接触，废气中的污染物吸附在固体表面即被分离出来。它主要用于废气中低浓度污染物的净化。如活性炭可吸收几乎常见的大多数无机及有机气体；硅藻土可选择性吸收 SO_2、H_2S、HF 及汞蒸气等。

（二） 常用的废渣处理方法

实验室产生的有害固体废渣固然不多，但绝不能将其与生活垃圾混倒。固体废渣主要采用掩埋法处理。有毒的废渣须先经过化学处理后深埋在远离居民区的指定地点，以免有毒物溶于地下水而混入饮用水中；无毒废渣可以直接掩埋，掩埋地点应做记录。有毒且不宜分解的有机废渣可以用专门的焚烧炉进行焚烧处理。

1. 化学稳定法

对少量高危险性物质如放射性废弃物，可将其通过物理或化学方法（玻璃、水泥、岩石等）进行固化，再进行深地填埋。

2. 土地填埋法

要求被填埋的废弃物应是惰性物质或经微生物可分解的无害物质。填埋场地应远离水源，场地底土不透水、不能穿入地下水层。

（三）　常用的废液处理方法

实验室产生的废液种类繁多，组成变化大，应根据溶液的性质分别处理。

1. 含酸含碱废液

无机废酸、废碱，可根据酸碱中和反应的原理进行处理。实验室中各类酸、碱的用量较大，因而可设置废酸、废碱液缸进行收集。将含酸和含碱废液相互中和。剩余的酸或碱，用氢氧化钠和稀硫酸中和，用 pH 试纸检查溶液 pH 值达 6～8 时，即可排放废液。

2. 废洗液

可用高锰酸钾氧化法使其再生后使用。少量废洗液可加废碱液或石灰使其生成 $Cr(OH)_3$ 沉淀，回收。

3. 含有害无机物或有机物的废液

可通过化学反应将其氧化或还原，转化成无害的物质或溶液从水中分离出去。含有机物的废液可以用与水不互溶但对污染物有良好溶解性的萃取剂加入废水中，充分混合，以提取污染物。例如，含氯仿废液可经水、酸、碱萃取，干燥过滤后蒸馏，收集馏分。

4. 含剧毒氰化物的废液

含氰废液只能在碱性条件下处理，以免气态 HCN 挥发而危害操作人员。在实际的操作中，首先加入 NaOH 调至 pH＞10，少量的含氰废液加入几克高锰酸钾使 CN^- 分解；大量的含氰废液加入次氯酸钠，使 CN^- 氧化成氰酸盐，并进一步分解成 CO_2 和 N_2。

5. 含汞盐的废液

先调 pH 值至 8～10，然后加入过量的 Na_2S 溶液，充分搅拌，使 Hg^{2+} 生成难溶的 HgS。然后加入 $FeSO_4$ 溶液，使 Fe^{2+} 与过量的 Na_2S 生成 FeS 沉淀，将悬浮的 HgS 共沉淀。分离沉淀，检验滤液中不含 Hg^{2+} 后，方可排放废液。

6. 含重金属离子、碱土金属离子及某些非金属离子的废物

最有效、最经济的方法是加碱或 Na_2S 把离子变成难溶性的氢氧化物或硫化物沉淀下来，将过滤后的残渣埋于地下。

第三节　有机化学实验常用仪器及其养护

化学实验工作中大量使用玻璃仪器，是因为玻璃仪器具有：透明度好，便于观察化学反应情况，控制反应条件；化学稳定性好，能耐一般化学试剂的侵蚀；耐热性优良，能耐急剧温度变化及易清洁、可反复使用等诸多优点。玻璃仪器种类很多，按用途大体可分为容器类、量器类和其他仪器类。

容器类包括试剂瓶、烧杯、烧瓶等。根据它们能否受热又可分为可加热的仪器和不宜加热的仪器。

量器类有量筒、移液管、滴定管、容量瓶等。量器类一律不能受热。

其他仪器包括具有特殊用途的玻璃仪器，如冷凝管、分液漏斗、干燥器、分馏柱、砂芯漏斗、标准磨口玻璃仪器等。

标准磨口玻璃仪器是具有标准内磨口和外磨口的玻璃仪器。标准磨口玻璃仪器的所有磨口和磨塞，均采用国际通用的锥度（1∶10）制造，根据需要，标准磨口制作成不同的大小。相同编号的磨口仪器，其口径是统一的，连接紧密，使用时可以互换；用少量的仪器可以组装多种不同的实验装置，通常应用在有机化学实验中。通常以整数数字表示标准磨口的系列编号，这个数字是锥体大端直径（mm）最接近的整数。

表 1-1　常用标准磨口仪器系列

编号	10	12	14	19	24	29	34
口径/mm（大端）	10.0	12.5	14.5	18.8	24.0	29.2	34.5

有时也用 D/H 两个数字表示标准磨口的规格，如 14/23，即大端直径为 14.5mm，锥体长度为 23mm。

使用标准磨口玻璃仪器时应注意以下几点。

1. 磨口表面必须保持清洁，若沾有固体物质，能导致接口处漏气，同时会损坏磨口。

2. 使用时一般不需涂润滑剂，以免沾污产物；但在反应中若有强碱性物质时，则需涂润滑剂，否则磨口接头处会被碱腐蚀而黏在一起。减压蒸馏时也需涂一些真空脂类的润滑剂。

3. 使用后应立即拆卸洗净。分液漏斗及滴液漏斗用毕洗净后，必须在活塞处放入小纸片以防黏结。

一、常用玻璃仪器

化学实验常用的玻璃仪器如图 1-1 所示。

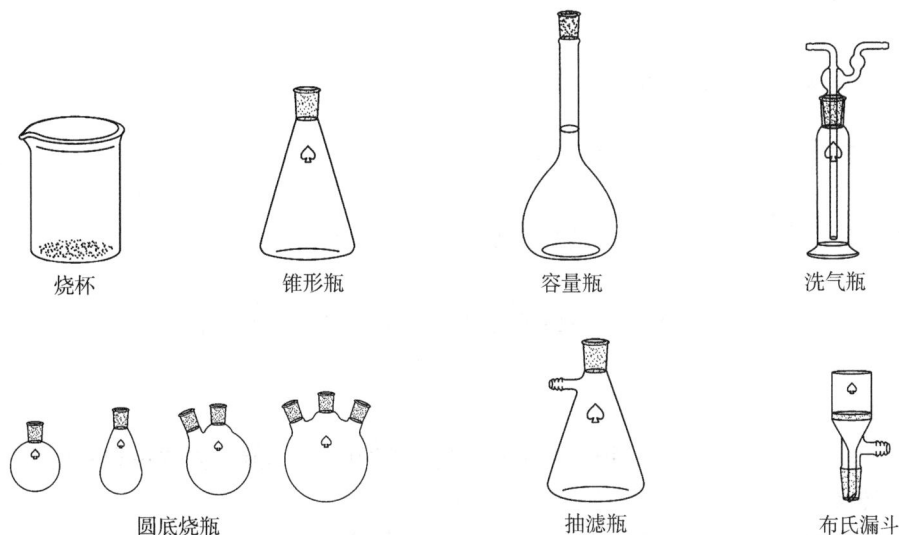

烧杯　　锥形瓶　　容量瓶　　洗气瓶

圆底烧瓶　　抽滤瓶　　布氏漏斗

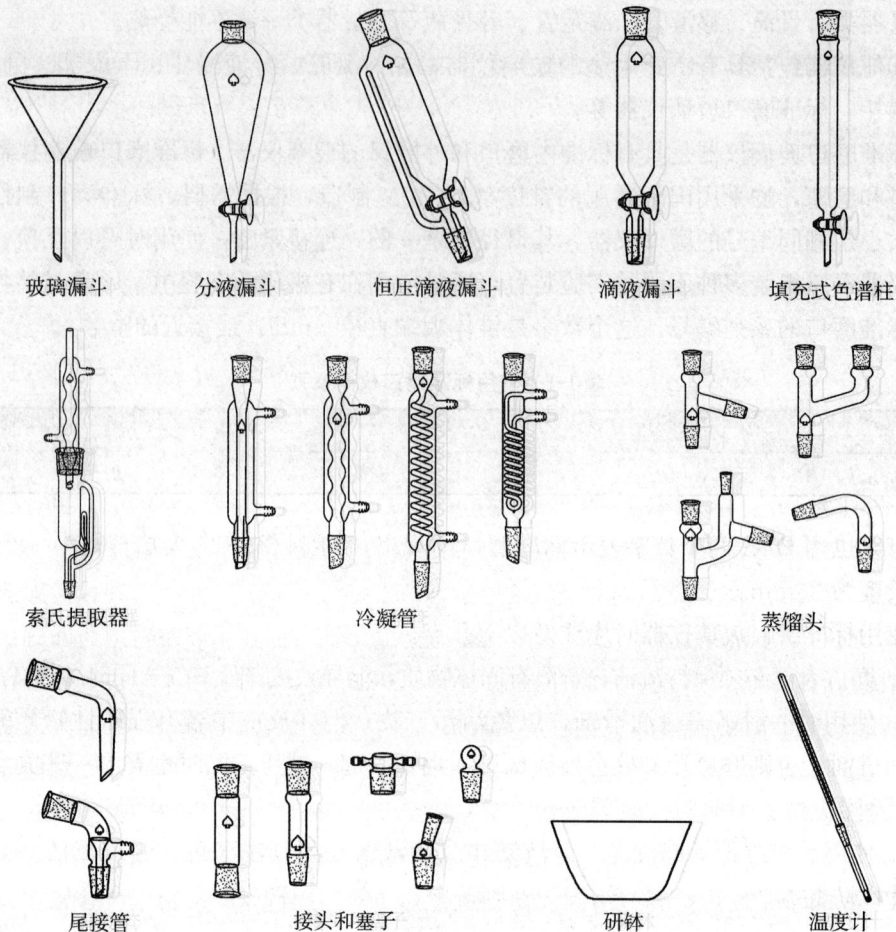

| 玻璃漏斗 | 分液漏斗 | 恒压滴液漏斗 | 滴液漏斗 | 填充式色谱柱 |

| 索氏提取器 | 冷凝管 | 蒸馏头 |

| 尾接管 | 接头和塞子 | 研钵 | 温度计 |

图 1-1　化学实验常用的玻璃仪器

二、玻璃仪器的洗涤和干燥

（一）玻璃仪器的洗涤

实验室经常使用的各种玻璃仪器是否干净，常常影响到实验结果的可靠性与准确性。玻璃仪器的洗涤不仅是实验前必须做的准备工作，也是一项技术性工作。

玻璃仪器洗涤的要求是：将洗好的玻璃仪器倒置时，水沿器壁自然流下，均匀润湿，不挂水珠。

洗涤玻璃仪器的方法很多，应根据实验的要求、污物的性质和污染的程度来选用不同的洗涤方法。

1. 刷洗

可除去附在仪器上的可溶物、尘土和一些不溶物，但不能洗去油污和有机物质。

2. 洗涤

用合成洗涤剂洗。用毛刷蘸取洗涤剂少许，先反复刷洗，然后边刷边用水冲洗，直到倾去水后，器壁不挂水珠，再用少量纯水或去离子水分多次洗涤。

3. 去污

能去除油污和一些有机物。由于去污粉中的细砂的摩擦作用和白土的吸附作用，使洗涤效果更好。用于可以用刷子直接刷洗的仪器，如烧杯、三角瓶、试剂瓶等。

4. 洗液

多用于不便使用刷子洗刷的仪器，如滴定管、移液管、容量瓶、蒸馏器等特殊形状的仪器，也用于洗涤长久不用的杯皿器具和刷子刷不下的结垢。洗涤时，往干燥的仪器内加入少量洗液，倾斜仪器并慢慢转动，使仪器内壁全部被洗液润湿，转动几圈后，把洗液倒回原瓶内，然后用自来水把仪器壁上残留的洗液洗去。沾污严重的仪器可用洗液浸泡一段时间或用热的洗液洗。

（1）强酸氧化剂洗液 强酸氧化剂洗液是用重铬酸钾（$K_2Cr_2O_7$）和浓硫酸（H_2SO_4）配成。$K_2Cr_2O_7$ 在酸性溶液中有很强的氧化能力，又对玻璃仪器极少侵蚀，所以这种洗液在实验室内使用最广泛。酸性洗液的浓度可在 5%～12% 之间。

配制方法：取一定量的工业用 $K_2Cr_2O_7$，先用 1～2 倍的水加热溶解，稍冷后，将所需体积的工业用浓 H_2SO_4 徐徐加入浓 $K_2Cr_2O_7$ 溶液中（千万不能将水或溶液加入浓 H_2SO_4 中），边加边用玻璃棒搅拌，并注意不要溅出，混合均匀，待冷却后，装入洗液瓶备用。新配制的洗液为红褐色，氧化能力很强。当洗液用久后变为黑绿色，即说明洗液无氧化洗涤力。这种洗液在使用时要注意不能溅到身上，以防"烧"破衣服和损伤皮肤。洗液倒入要洗的仪器中，应使仪器周壁全浸洗后稍停一会儿再倒回洗液瓶。第一次用少量水冲洗刚浸洗过的仪器后，废液应倒入废液缸中，不要倒在水池里和下水道里，以免腐蚀水池和下水道。

（2）碱性洗液 碱性洗液用于洗涤有油污物的仪器。用此洗液时采用长时间（24小时以上）浸泡法，或者浸煮法。从碱洗液中捞取仪器时，要戴乳胶手套，以免烧伤皮肤。

常用的碱性洗液有碳酸钠（Na_2CO_3，即纯碱）液、碳酸氢钠（$NaHCO_3$，小苏打）液，磷酸钠（Na_3PO_4，磷酸三钠）液、磷酸氢二钠（Na_2HPO_4）液等。

（3）碱性高锰酸钾洗液 碱性高锰酸钾洗液作用缓慢，适用于洗涤有油污的器皿。

（4）纯酸纯碱洗液 根据器皿污垢的性质，直接用浓 HCl 或浓 H_2SO_4、浓 HNO_3 等纯酸洗液浸泡或浸煮器皿（温度不宜太高）。纯碱洗液多采用 10% 以上的浓 NaOH、KOH 或 Na_2CO_3 溶液浸泡或浸煮器皿（可以煮沸）。

（5）有机溶剂 带有脂肪性污物的器皿，可以用汽油、甲苯、二甲苯、丙酮、酒精、三氯甲烷、乙醚等有机溶剂擦洗或浸泡。但用有机溶剂作为洗液浪费较大，能用刷子洗刷的大件仪器尽量采用碱性洗液。只有无法使用刷子的小件或特殊形状的仪器才使用有机溶剂洗涤，如活塞内孔、移液管尖头、滴定管尖头、滴定管活塞孔、滴管、小瓶等。

（6）超声波洗涤 一些形状复杂、洗涤要求高的玻璃仪器或仪表配件，如进样器、吸量管等可以使用超声波洗。

（二） 玻璃仪器的干燥

做实验经常要用到的仪器应在每次实验完毕后洗净干燥备用。不同实验对干燥有不同的要求，一般定量分析用的烧杯、锥形瓶等仪器洗净即可使用，而用于其他实验的仪器很多要求干燥，应根据不同要求干燥仪器。

1. 晾干

不急等用的仪器，可在蒸馏水冲洗后在无尘处倒置控去水分，然后自然干燥。可用安有木钉的架子或带有透气孔的玻璃柜放置仪器。

2. 加热烘干

洗净的仪器控去水分，可放在温度为105℃～110℃的烘箱内烘干；也可放在红外灯干燥箱中烘干。称量瓶等在烘干后要放在干燥器中冷却和保存。带实心玻璃塞的及厚壁仪器烘干时要注意慢慢升温并且温度不可过高，以免破裂。量器不可放于烘箱中烘。

3. 溶剂荡洗吹干

对于急于干燥的仪器，可用溶液将水分带出的办法。通常用少量乙醇、丙酮（或最后再用乙醚）倒入已控去水分的仪器中摇洗，然后用电吹风机吹，开始用冷风吹1～2分钟，当大部分溶剂挥发后吹入热风至完全干燥，再用冷风吹去残余蒸汽，不使其又冷凝在容器内。

带有刻度的计量仪器亦不能用加热方法进行干燥，否则会影响其精密度。可以加入少量酒精或酒精与丙酮体积比1∶1的混合物，转动仪器使容器内壁上的水与其混合，倾出混合液（回收），再放置晾干。

三、常用装置

为了能够安全、有效地进行实验，有机化学实验室需要配备一些常用的设备和安全装置，大致有以下几种。

（一） 干燥装置

1. 烘箱

实验室一般使用的是恒温鼓风干燥箱，主要用于干燥玻璃仪器或烘干无腐蚀性、加热时不分解的固体药品。

仪器放入之前应尽量把水控净，然后小心放入，应注意仪器口朝下放置，不稳的仪器应平放。

2. 气流烘干器

气流烘干器是一种可用于快速烘干仪器的设备，如图1-2所示。使用时将洗干净的仪器甩去多余的水分，然后将仪器套在烘干器的多孔金属管上。注意随时调节热空气的温度。带旋塞或具塞的仪器，应取下塞子后再烘干。气流烘干器不宜长时间加热，以免烧坏电机和电热丝。

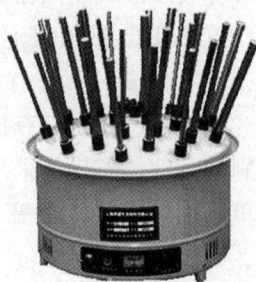

图1-2　气流烘干器

3. 电吹风

实验室使用的电吹风应具有可吹冷风、热风的功能，它主要用于少量玻璃仪器的快速干燥及供纸色谱和薄层色谱挥干溶剂使用。不宜长时间连续吹热风，以防损坏电热丝。

（二）　加热装置

1. 电炉或煤气灯

电炉或煤气灯一般不能直接加热玻璃仪器，因为剧烈的温度变化和受热不均匀会使玻璃仪器损坏。同时，由于局部受热还可以引起有机物的部分分解，所以使用电炉或煤气灯时应注意反应的具体情况，选用不同的间接加热方式。例如，在电炉（或煤气灯）与容器之间放一张石棉网，容器与石棉网之间留 1cm 左右的间隙，使之形成一个简易的空气浴，或者采用水浴、油浴、砂浴等间接加热方式，这样可使容器的受热面积增大，受热均匀。

2. 电热套

电热套是由玻璃丝包裹着电热丝织成一个碗状半圆形内套，外套包上金属壳，中间填上保温材料制成的一种加热器，如图 1-3 所示。电热套的容积与烧瓶的容积相匹配，有 50mL、100mL、150mL、250mL 和 1000mL 等不同规格。使用电热套时，反应瓶外壁与电热套内壁保持 2cm 左右的距离，以便利用热空气传热和防止局部过热。电热套没有明火，故不易起火，使用较安全。

图 1-3　电热套

3. 电热恒温水浴锅

电热恒温水浴锅是内外双层的箱式结构，上盖为单层，备有几个带套盖的孔洞，用以放置被加热的玻璃仪器，箱底密封管内装有电炉丝；它的外壳由薄钢板制成，内外层中间填有绝热材料。电热恒温水浴锅可自动控制温度，保持水浴恒温，使用方便，由于没有明火，可用作易燃液体回流、蒸馏的热源。

使用电热恒温水浴锅时注意：①槽内不能缺水，因为炉丝的套管为密封焊接，无水时易烧坏。②自动控制盒内不能溅上水或受潮，以防漏电和损坏。③箱内要保持清洁，定期洗刷换水。若长时间不用，要放掉箱内水并擦干，以防生锈。

（三）　冷却装置

实验室最常用的冷却装置是电冰箱。冰箱用于储存对热敏感的物质，也用于少量制冰。有的试剂会散发出腐蚀性气体腐蚀冰箱机件，有的会散发出易燃气体被电火花点燃而造成事故。所以，盛装药品的容器必须严格密封后才可放入。瓶上的标签易受冰箱中水汽的侵蚀而模糊或脱落，故标签应以石蜡涂封。

（四） 安全装置

在化学实验中经常使用易燃、易爆、有毒试剂，这些试剂若使用不当就可能发生事故，此外，玻璃器皿、电器设备、煤气等使用不当也会发生事故，为了及时处理所发生的事故，尽量减少损失，在实验室内需要配备一些安全急救设施。

1. 沙桶

实验台或地面小面积着火，可立即用沙子覆盖，使之隔绝空气而灭火。

2. 防火毯

实验人员衣服严重着火时，应立即用防火毯包裹。

3. 灭火器

化学实验室常用的灭火器有以下几种。

（1）二氧化碳灭火器　　二氧化碳灭火器是实验室最常用的一种灭火器，用以扑灭有机物及电器设备的着火。它的钢筒内装有压缩的液态二氧化碳。使用时，由于钢瓶内喷出的二氧化碳温度很低，燃烧物温度剧烈下降，同时借助二氧化碳气层把空气与燃烧物隔开，从而达到灭火目的。这一类的灭火器比泡沫式灭火器优越，因为二氧化碳蒸发后没有余留物，不会使精密仪器受到污损，而且对有电流通过的仪器也可以继续使用。

（2）泡沫灭火器　　一般来说，因后处理比较麻烦，非大火通常不用。化学泡沫灭火剂是由碳酸氢钠溶液和硫酸铝溶液与泡沫稳定剂相互作用形成的泡沫群。稳定的泡沫能将液体覆盖住而使之与空气隔绝，泡沫灭火器用来扑灭液体的燃烧最有效。但因为灭火时喷出的液体和泡沫是电的良导体，故不能用于电器失火或漏电所引起的火灾。遇到这种情况可以先把电源切断，然后再使用其他灭火器灭火。

（3）干粉灭火器　　手提储压式干粉灭火器是一种新型高效的灭火器，它用磷酸胺盐作为灭火剂，以氮气作为干粉驱动气。灭火时，机头应朝上，倾斜度不能过大，切忌放平或倒置使用。这种灭火器具有灭火速度快、效率高、质量轻、使用灵活方便等优点，适用于扑救固体有机物、油漆、易燃液体、气体和电器设备的初起火灾。

（五） 排气装置

实验室的排气装置有通风橱、排气扇、抽气罩等，其中抽气罩为国内近年来应用较广的排气装置。它的特点是使用灵活方便，能近距离靠近毒气污染源。

四、仪器的连接、装配和拆卸

有机化学实验的各种反应装置都是由一件件玻璃仪器组装而成的，实验中应根据需要选择合适的仪器。一般选择仪器的原则如下。

1. 烧瓶的选择

根据液体的体积而定，一般液体的体积应占容器体积的 1/3～1/2，也就是说烧瓶容积的大小应是液体体积的 1.5 倍。进行水蒸气蒸馏和减压蒸馏时，液体体积不应超过烧瓶容积的 1/3。

2. 冷凝管的选择

一般情况下回流用球形冷凝管，蒸馏用直形冷凝管。但是当蒸馏温度超过 140℃时应改用空气冷凝管，以防温差较大时，由于仪器受热不均匀而造成冷凝管断裂。

3. 温度计的选择

实验室一般备有 150℃和 300℃两种温度计，根据所测温度可选用不同的温度计。一般选用的温度计要高于被测温度 10℃～20℃。

有机化学实验中仪器装配的正确与否，对于实验的成败有很大关系。实验装置（特别是机械搅拌这样的动态操作装置）必须用铁夹固定在铁架台上才能正常使用，因此要注意铁夹等的正确使用方法。安装仪器时，应选好主要仪器的位置，要以热源为准，先下后上，先左后右，逐个将仪器边固定边组装。总之，仪器装配要求做到严密、正确、整齐和稳妥。整套装置安装好后应横平竖直、上下左右都在一条线上。

安装常压下进行的反应装置时，应使装置与大气相通，不能密闭，否则加热后产生的气体或装置内的有机蒸气膨胀，会使压力增大，引起爆炸。

拆卸的顺序则与组装相反。拆卸前应先停止加热，移走加热源，待稍微冷却后，先取下产物，然后再逐个拆掉。拆冷凝管时注意不要将水洒到电热套上。

实验所用铁夹的双钳内侧应贴有橡皮或绒布，或缠上石棉绳、布条等，否则容易将仪器损坏。使用玻璃仪器时，最基本的原则是切忌对玻璃仪器的任何部分施加过度的压力或扭歪。

第四节　化学试剂介绍

一、化学试剂的等级

我国由国家和主管部门颁布具体指标的化学试剂等级有四种，按其纯度和杂质含量的高低分为优级纯、分析纯、化学纯和实验试剂。

1. 优级纯（GR，guaranteed reagent），又称一级品或保证试剂，99.8%，这种试剂纯度最高，杂质含量最低，适合于重要精密的分析工作和科学研究工作，使用绿色瓶签。

2. 分析纯（AR，analytically pure），又称二级试剂，纯度很高，99.7%，略次于优级纯，适合于重要分析及一般研究工作，使用红色瓶签。

3. 化学纯（CP，chemical pure），又称三级试剂，≥99.5%，纯度与分析纯相差较大，适用于工矿、学校一般分析工作。使用蓝色或深蓝色标签。

4. 实验试剂（LR，laboratory reagent），又称四级试剂。使用黄色或棕色标签。

除了上述四个级别外，目前市场上尚有：

基准试剂（PT，primary reagent）：专门作为基准物用，可直接配制标准溶液。

光谱纯试剂（SP，spectrum pure）：表示光谱纯净。但由于有机物在光谱上显示不出，所以有时主成分达不到 99.9%以上，使用时必须注意，特别是作基准物时，必须进行标定。

各种级别的试剂因纯度不同而价格相差很大，所以，使用时在满足实验要求的前提下，以节约为原则。

二、使用化学试剂的注意事项

1. 所有试剂、溶液及样品的包装瓶上必须有标签。标签要完整、清晰，标明试剂的名称、规格、质量。溶液除了标明品名外，还应标明浓度、配制日期等。万一标签脱落，应照原样贴牢。绝不允许在容器内装入与标签不相符的物品。无标签的试剂必须取小样检定后才能使用。不能使用的化学试剂要慎重处理，不能随意乱倒。

2. 为了保证试剂不受污染，应当用清洁的牛角勺或不锈钢小勺从试剂瓶中取出固体试剂，绝不可用手抓取。试剂从瓶内取出，若使用不完，不可倒回原瓶，以免污染试剂。液体试剂应采用"倒出"的方法，不用吸管直接吸取。

3. 量取液体试剂时，应将试剂瓶上贴标签的一面对掌心，瓶口紧贴量筒口，以免洒落污染标签。打开易挥发的试剂瓶塞时，不可把瓶口对准自己脸部或对着别人。

4. 往试管中加入粉末状固体时，将药匙伸进平放的试管中约2/3处，然后直立试管，使样品落入试管底部。

第五节　实验预习、记录和实验报告

一、实验预习

实验前做好充分的准备工作是十分重要的。预习的目的是对反应的原理，反应物、产物、溶剂、催化剂等的物理性质和化学性质预先有一个比较全面的了解和准备，达到心中有数，才能安全、顺利、较好地完成实验。每一个学生应该准备一个实验预习本，在实验前写好预习笔记。

预习的内容主要包括：①查阅原料、产物和副产物的物理常数；②查阅理论参考书，了解实验反应的原理、注意事项及可能发生的副反应；③原料用量（克、毫升、摩尔），计算过量试剂的过量百分数，计算理论产量；④正确而清楚地画出仪器装置图；⑤用图表形式表示整个实验步骤的流程。

二、实验记录及记录实例

在实验过程中，实验者必须养成一边进行实验一边直接在记录本上做记录的习惯。记录是以后分析成败原因的唯一可靠依据，是减轻大脑记忆工作量的重要方法。记录的内容包括：反应器的名称、大小和装置；试剂的名称、规格、颜色、状态及加入的先后顺序与用量等；观察的实验现象及其反应体系或气体产生等变化；每一步操作的时间。

三、实验报告

实验报告是根据实验记录进行整理、总结，对实验中出现的现象和问题从理论上加以分析和讨论，使感性认识发生飞跃提高到理性认识的必要手段，并能培养实验者写科技报告、总结报道的能力。

化学实验报告的内容一般包括：①实验题目；②实验目的；③实验原理或方法；④主要产物和试剂的物理常数；⑤主要反应装置图；⑥实验操作与现象（报告的核心）；⑦结果与讨论。

附：合成实验报告样式示例

实验题目：

实验目的：

实验原理：

反应方程式：

反应装置示意图：

实验步骤及现象记录：

实验步骤	现象记录
1. 2. 计算产率 理论产量： 产　率：	

结果与讨论：

（1）（2）……

第二章　有机化学实验技术 ▷▷▷▷

第一节　有机化学实验基本操作

一、加热、冷却和干燥

（一）热源

实验室常用的热源有酒精灯、酒精喷灯、煤气灯和电炉等。

酒精灯的温度通常可达 400℃～500℃，用于温度不需太高的实验。点燃酒精灯时应用火柴，决不可用已点燃的酒精灯去点燃其他酒精灯。熄灭酒精灯时，只要盖上灯罩，火焰即灭。添加酒精时，必须将灯熄灭，用小漏斗添加且不能加得太满。酒精灯不用时，必须盖上灯罩，以免酒精挥发。

酒精喷灯使用前，先在预热盆内加入一些酒精，用火柴点燃酒精使灯管受热，待酒精接近燃完时，开启开关，使酒精从灯座内进入灯管而受热汽化，并与进入气孔内的空气混合，可得到高温火焰。实验完毕，关闭开关。

（二）加热方法

加热方法有直接加热法和间接加热法。

1. 直接加热法

对热稳定性较好的物质，可在试管、烧杯或坩埚、蒸发皿等耐热容器中直接加热。加热前必须将器皿外壁的水擦干，加热后不能立即与水或潮湿物接触，不能骤冷骤热。

（1）用试管加热液体或固体　少量液体可装在试管中加热，用试管夹夹住试管的上部，试管应稍倾斜，管口向上，管口不能对着别人和自己的脸部，以免溶液沸腾时溅到脸上。管内所装液体的量应不超过试管高度的 1/3（图 2-1）。加热时，先加热液体的中上部，再慢慢地往下移动，使液体各部受热均匀。

图 2-1　加热试管中的液体

少量固体药品也可装在试管中加热，加热时管口略向下倾斜（图 2-2），使冷凝在管口的水珠不倒流到试管的灼热处，导致试管破裂。

如用酒精灯加热烧杯、烧瓶或锥形瓶时，必须将玻璃器皿放在石棉网上，否则容易因受热不均匀而破裂。

（2）灼烧 当需要高温加热固体时，可把固体放入坩埚中在泥三角上用煤气灯的氧化焰加热（图 2-3）。夹取温度高的坩埚必须用坩埚钳，坩埚钳用后应平放在石棉网上，使钳的顶端向上，以免沾污。

图 2-2 用试管加热固体   图 2-3 坩埚的灼烧

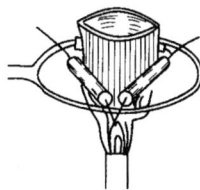

2. 间接加热法

有些物质的热稳定性差，过热会发生氧化、分解或大量挥发逸散。在实验室安全规则中规定禁止用明火直接加热的或易燃的溶剂，不宜直接加热，可采用间接加热法。

间接加热法是通过传热介质以热浴的方式进行加热。常用的热浴有空气浴、水浴、油浴和浴砂等。

（1）空气浴 利用热空气间接加热，对于沸点在 80℃以上的液体均可采用。

把容器放在石棉网上约 1cm 处加热，这就是最简单的空气浴。但是，受热仍不均匀，故不能用于回流低沸点、易燃的液体或者减压蒸馏。

电热套属于比较好的空气浴，因为电热套中的电热丝被玻璃纤维包裹着，较安全，一般可加热至 400℃，电热套主要用于回流加热。蒸馏或减压蒸馏以不用为宜，因为在蒸馏过程中随着容器内物质逐渐减少，会使容器壁过热。电热套有各种规格，取用时要与容器的大小相适宜。为了便于控制温度，要连接调压变压器。

（2）水浴 当加热的温度不超过 100℃时，可使用水浴加热。使用水浴时，勿使容器触及水浴器壁或其底部。由于水浴中的水不断蒸发，要适当添加热水，使水浴中水面经常保持稍高于容器内的液面。

如果加热温度要稍高于 100℃时，则可选用适当无机盐类饱和水溶液作为热浴液。

（3）油浴 加热温度为 100℃～250℃。优点是使反应物质受热均匀，反应物的温度一般低于油浴液 20℃左右。常用的油浴液有以下几种。

①甘油：可以加热 140℃～150℃，温度过高时则会分解。

②植物油：如菜油、蓖麻油和花生油等，可以加热到 220℃，常加入 1% 对苯二酚等抗氧化剂，便于久用。若温度过高时会分解，达到燃点可能燃烧起来，所以使用时要小心。

③石蜡：能加热到 200℃左右，冷却到室温时凝成固体，保存方便。

④石蜡油：可以加热到 200℃ 左右，温度稍高并不分解，但较易燃烧。

用油浴加热时要特别小心，防止着火，当油受热冒烟时，应立即停止加热。油浴中应挂一支温度计，可以观察油浴的温度和有无过热现象，便于调节火焰、控制温度。油量不能过多，否则受热后有溢出而引起火灾的危险。使用油浴时要极力防止产生可能引起油浴燃烧的因素。

（4）砂浴　砂浴一般是用铁盆装干燥的细海砂（或河砂），把反应容器半埋砂中加热。加热沸点在 80℃ 以上的液体时可以采用，特别适用于加热温度在 250℃～350℃ 以上者。但砂浴传热慢，升温很慢且不易控制，因此砂层要薄一些。砂浴中应插入温度计，温度计水银球要靠近反应器。

（三）沉淀的烘干及灼烧

定量分析中用滤纸过滤得到的沉淀，应在瓷坩埚中灼烧至恒重。

1. 瓷坩埚的准备

将洗净的瓷坩埚斜放在泥三角上，斜放好盖子，用小火加热坩埚盖（图 2-4），使热空气流反射到坩埚内部使之烘干。冷却后，用硫酸亚铁铵溶液或硝酸钴溶液在坩埚和盖上编号，再把坩埚灼烧至恒重。注意灼烧温度和时间应与灼烧沉淀时间相同。

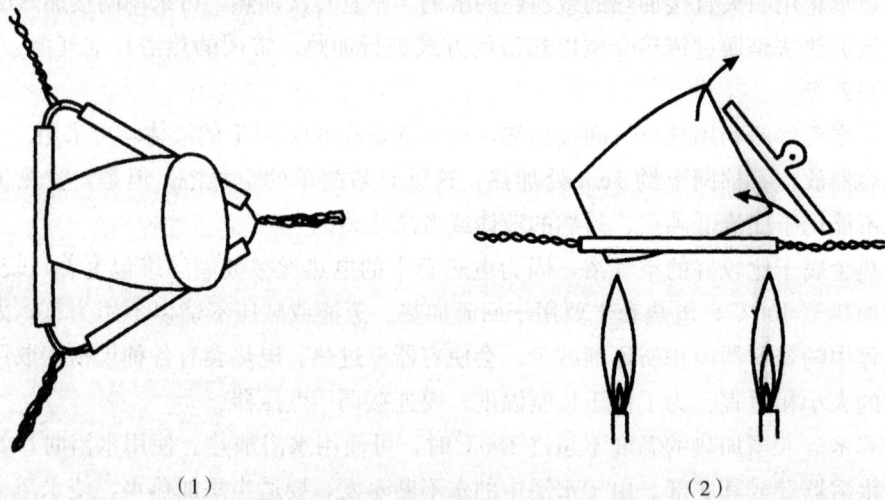

（1）　　　　　　　　　　　（2）

图 2-4　灼烧前瓷坩埚的准备

恒重：空坩埚灼烧 30 分钟，冷至 200℃ 以下，用热坩埚钳夹取其放入干燥器内冷却 45～50 分钟，取出称量（称量前 10 分钟拿到天平室）。然后再灼烧 15 分钟，冷却（两次冷却时间应相同），称量至两次称量结果相差不超过 0.2mg。将恒重后的坩埚放在干燥器中备用。

2. 沉淀的包裹

用洁净的玻璃棒将滤纸的三层部分挑起，再用洗净的手把有沉淀的滤纸取出，将其打开成半圆形自右边的 1/3 处向左折叠，再从上边向下折叠，然后向左卷成小卷，最后将滤纸放入已恒重的坩埚中（包卷层数较多的一面朝上）。如果是胶状沉淀，由于体积较大，则应用玻璃棒将滤纸挑起（先挑三层边），再向中间折叠（单层边先折叠），将沉淀全部盖住，再用玻璃棒将其转移到已恒重的坩埚中。

3. 烘干、灼烧及恒重

将放有沉淀的坩埚放在泥三角上，用小火把滤纸和沉淀烘干至滤纸全部炭化。炭化后将灯移至坩埚底部，逐渐升高温度至滤纸全部灰化。灰化后，灼烧、冷却和恒重。

使用马弗炉灼烧沉淀时，可用上述方法灰化后，放入马弗炉中灼烧至恒重。

4. 用玻璃坩埚过滤、烘干与恒重

只要经过烘干就能称量的沉淀，通常使用玻璃坩埚进行过滤、烘干和恒重。使用的玻璃坩埚先用盐酸、稀硝酸或氨水等浸泡，再用橡皮垫圈与吸滤瓶接上抽气泵，用自来水和蒸馏水抽洗数次。洗净的坩埚在烘干沉淀的条件下烘干，取出后放在干燥器中冷却（约半小时），称量至恒重。

用玻璃坩埚过滤沉淀时，先用倾析法将上层清液倾入装在吸滤瓶上的坩埚内过滤，再把沉淀全部转移入坩埚内抽滤。最后将坩埚置于烘箱中，烘干、冷却，称量至恒重。

5. 干燥器的使用

干燥器是用于存放干燥物品、防止吸湿的玻璃仪器。干燥器的底部盛有干燥剂，常用的干燥剂为变色硅胶或无水氯化钙。中部有一块带有圆孔的瓷板用以放容器。盖子和器口是磨口的，且涂有凡士林防止水气进入。开启或关闭干燥器时，应用一只手扶住干燥器，另一只手握住盖子朝外或朝里平推（图 2-5），打开后盖子应翻过来放在桌上。取放物体后应及时把盖子盖好。搬动干燥器时应同时按住盖子，不能只捧住上部，以免盖子滑落。

图 2-5　干燥器开启方法

当放入热的物体时，为防止空气受热膨胀将盖子顶落打碎，或因冷却后，由于干燥器内形成负压而打不开盖子，必须来回平推盖子几次，以放出干燥器内的热空气，防止盖子滑落。

使用干燥器应注意清洁，不得存放潮湿物品。干燥剂失效后，应及时更换。

二、回流

当有机化学反应需要在反应体系的溶剂或反应物沸点附近进行时需用回流装置。如图 2-6 所示，其中图（1）适用于需要干燥的反应体系，如不需要防潮，可去掉干燥管；图（2）适用于产生有害气体（如溴化氢、氯化氢、二氧化硫等）的反应体系；图（3）适用于带分水装置的回流体系；图（4）适用于边滴加边回流的反应体系。

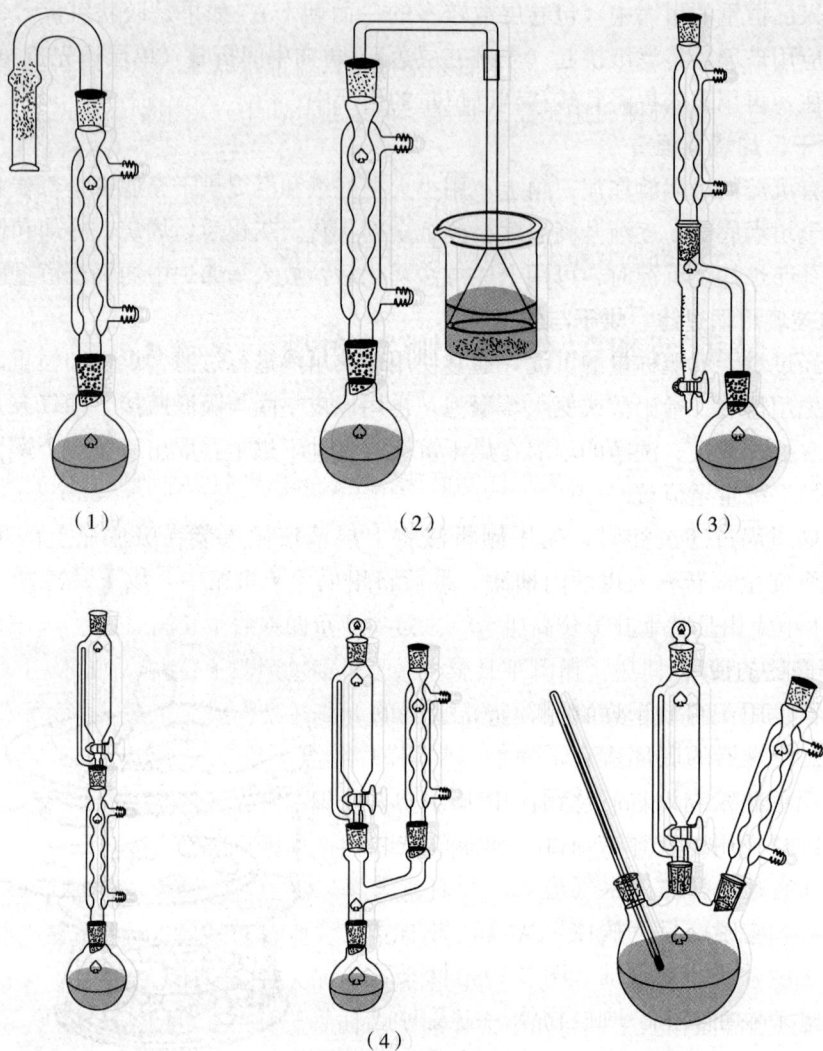

图 2-6　回流装置

三、搅拌

搅拌器是有机化学实验必不可少的仪器之一，它可使反应混合物混合得更加均匀，反应体系的温度更加适度，从而有利于化学反应的进行，特别有利于非均相反应的进行。搅拌器搅拌的方法有三种：人工搅拌、磁力搅拌和机械搅拌。

1. 人工搅拌

一般借助于玻璃棒就可以进行。

2. 磁力搅拌

磁力搅拌是通过一个可旋转的磁铁带动一根以玻璃或塑料密封的软铁旋转而达到搅拌的一种装置。将软铁放入盛有反应物的容器中，将容器置于磁力搅拌器托盘上，接通电源。由于内部磁场不断旋转变化，容器内软铁也随之旋转，从而达到搅拌的目的。一般的磁力搅拌器都有控制磁铁转速的旋钮及可控制温度的加热装置。磁力搅拌比机械搅拌装置简单、易操作，且更加安全。它的缺点是不适用于大体积和黏稠体系。使用时应注意及时收回搅拌子，不得随反应废液或固体一起倒入废料桶或下水道。

3. 机械搅拌

机械搅拌是由电机带动搅拌棒而达到搅拌的一种装置。如果反应在互不相溶的两种液体或固液两相的非均相体系中进行，或其中一种原料需逐渐滴加进料时，必须使用搅拌装置。搅拌可以保证两相的充分混合接触和被滴加原料的快速均匀分散，避免或减少因局部过浓过热而引起的副反应。

四、萃取和洗涤

萃取是利用物质在两种不互溶（或微溶）溶剂中溶解度不同而进行分离、提纯混合物的操作。通过萃取可以从混合物中提取出所需的物质，也可以除去混合物中少量杂质。通常后一种情况称为"洗涤"。

（一）萃取剂的选择

用于萃取的溶剂叫萃取剂。常用的萃取剂有有机溶剂、水、稀酸溶液、稀碱溶液、浓硫酸等。实验中可根据情况加以选择。

1. 选择萃取剂的基本原则

（1）萃取剂对被提取物有较大的溶解度，并且与原溶剂不相溶或微溶。

（2）两溶剂之间的相对密度差异较大，以利于分层。

（3）化学稳定性好，与原溶剂和被提取物都不反应。

（4）沸点较低，萃取后易于用常压蒸馏回收。

此外，也应考虑价廉、毒性小、不易着火等。

2. 常用的萃取剂

（1）有机溶剂　苯、乙醇、乙醚和石油醚等有机溶剂可将混合物中的有机产物提取出来，也可除去某些产物的有机杂质。

（2）水　可用来提取混合物中的水溶性产物，又可用于洗去有机产物中的水溶性杂质。

（3）稀酸（或稀碱）溶液　常用于洗涤产物中的碱性（或酸性）杂质。

（4）浓硫酸　可用于除去产物中的醇、醚等少量有机杂质。

（二）液体物质的萃取（或洗涤）

液体物质的萃取常在分液漏斗中进行。分液漏斗的使用及萃取操作如下。

1. 使用前的准备

（1）洗涤　选择容积较液体体积大一倍以上的分液漏斗，洗净。

（2）涂凡士林　用滤纸吸干旋塞及旋塞孔道的水分。在旋塞上薄薄地涂上一层凡士林，然后将其小心插入孔道并旋转数圈，使凡士林分布均匀、成透明为止。用橡皮筋固定旋塞。

（3）检漏　关好旋塞，在分液漏斗中装上水，观察旋塞两端有无渗漏现象；再开启旋塞，观察水是否能顺畅流下；然后盖上顶塞，用手抵住顶塞，倒置漏斗，检查其严密性。

2. 萃取（或洗涤）操作

（1）装液　将分液漏斗放在铁圈中（铁圈固定在铁架上）。将混合溶液和萃取剂（一般为溶液体积的 1/3）依次自上口倒入分液漏斗中，塞好顶塞（此塞子不能涂油，塞好后可再旋紧一下，以免漏液）。

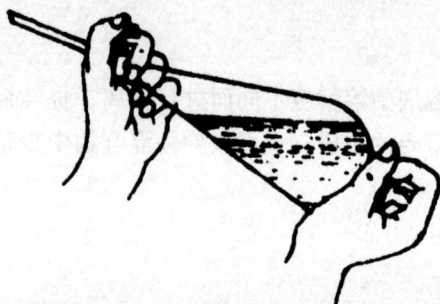

图 2-7　振荡分液漏斗示意图

（2）振摇　取下分液漏斗振摇，以使两液相之间的接触面增加，提高萃取效率。

振摇方法如图 2-7 所示，以右手手掌顶住漏斗磨口玻璃塞子，手指（根据漏斗的大小）可握住漏斗颈部或本身；左手持旋塞部位，大拇指和食指按住活塞柄，中指垫在塞座下边。振摇时将漏斗稍倾斜，漏斗的活塞部分向上，这样便于活塞放气。

（3）放气　开始时振摇要慢，振摇几次以后，打开活塞，排出因振摇而产生的气体。如果不经常放气，塞子就可能被顶开而出现漏液。

（4）静置　待漏斗中过量的气体逸出后，再剧烈振摇 2～3 分钟，然后将漏斗放回铁圈中，打开顶塞，静置分层。

3. 分离操作

当两层液体界面清晰后，先把分液漏斗下端靠在接收器的内壁上，再将活塞缓缓旋开，放出下层液体。当两液体间的界线接近旋塞处时，暂时关闭旋塞，将分液漏斗轻轻振摇一下，再静置片刻，使下层液体聚集得多一些，然后打开旋塞，仔细放出下层液体。当液体间的界线移至旋塞孔的中心时，关闭旋塞。最后将上层液体从分液漏斗的上口倒出。

萃取次数取决于分配系数，一般为 3～5 次。将所有的萃取液合并，加入合适的干燥剂干燥，然后蒸去溶剂。萃取所得的有机物视其性质可利用蒸馏、重结晶等方法纯化。

4. 操作注意事项

（1）分液漏斗中装入的液体量不得超过其容积的 1/2。因为液体量过多，进行萃取时不便振摇漏斗，两相液体难以充分接触，影响萃取效果。

（2）在萃取碱性溶液或振摇过于激烈时，常常会产生乳化现象；有时由于存在少量絮状沉淀、溶剂互溶、两液相的密度相差较小等原因也可能使两液相界线不明显，造成分离困难。解决以上问题的方法有：

①较长时间静置。

②加入少量电解质，以增加水相的密度，利用盐析作用破坏乳化。

③若因溶液碱性而产生乳化，常可加入少量稀硫酸振摇。

④当含有絮状沉淀时，可将两相液体过滤。

⑤滴加数滴乙醇，改变液体表面张力，使两相分层。

（3）分液漏斗使用完毕，应用水洗净，擦去旋塞和孔道中的凡士林，在顶塞和旋塞处垫上纸条，以防久置黏结。

（三） 固体物质的萃取

固体物质的萃取可以采用浸取法，将固体物质浸泡在特定的溶剂中，其中易溶成分被慢慢浸取出来。实验室通常是采用脂肪提取器（索氏提取器）萃取固体物质。

脂肪提取器利用溶剂回流和虹吸原理，使固体物质每一次都能为纯的溶剂所萃取，实现连续、多次萃取，因而效率较高。

脂肪提取器如图 2-8 所示，主要由圆底烧瓶、提取器和冷凝管三部分组成。

1. 萃取前应先将固体物质研细，以增加液体浸溶的面积，然后将固体物质放在滤纸套 1 内，置于提取器 2 中。

2. 溶剂沸腾时，蒸气通过玻管 3 上升进入冷凝管，冷凝成为液体，滴入提取器中，浸泡固体并萃取出部分物质。当萃取的溶剂的液面超过虹吸管 4 的最高处时，即虹吸流回烧瓶。这样循环往复，利用溶剂回流和虹吸

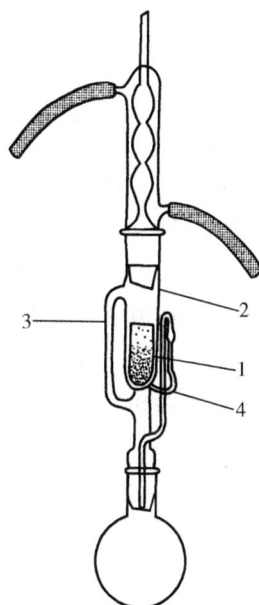

图 2-8　脂肪提取器

作用，使固体中的可溶物质富集到烧瓶中；然后用其他方法除去溶剂，便可得到要提取的物质。

第二节　有机化合物物理常数的测定

有机化合物的物理常数主要包括熔点、沸点、密度、折光率、比旋光度和黏度等，它们分别以具体的数据表达化合物的物理性质。物理性质在一定程度上反映了分子结构的特性，所以物理常数是有机化合物的物性常数。通过物理常数的测定来鉴定有机物是十分重要的。此外，杂质的存在必然引起物理常数的改变，所以测定物理常数也可以作为检验其纯度的标准。

一、熔点的测定及温度计校正

（一）基本原理

熔点是在一个大气压下固体化合物固相与液相平衡时的温度。在平衡点时，固相与液相的蒸气压相等。每种纯固体有机化合物，一般都有一个固定的熔点，即在一定压力下，从初熔到全熔不超过 $0.5℃\sim1℃$。熔点是鉴定固体有机化合物的重要物理常数，也是化合物纯度的判断标准。当化合物中混有杂质时，通常熔点降低，熔程也会较长。由于大多数有机化合物的熔点不超过 300℃，比较容易测定，所以通常借助测定熔点来判断有机化合物的纯度。

图 2-9（a）和（b）分别是固体的蒸气压和液体蒸气压随温度变化的曲线，由于固相蒸气压随温度变化的速率比相应的液相大，最后两曲线相交于（c）图 M 点。在交叉点 M 处，固液两相蒸气压相等，固液两相平衡并存，此时的温度 T_m 即为该物质的熔点。不同的化合物有不同的 T_m 值。当温度高于 T_m 时，固相全部转变为液相；低于 T_m 时，液相全转变为固相。只有固液并存时，固相和液相的蒸气压是一致的。这就是纯物质有固定而又敏锐熔点的原因。一旦温度超过 T_m（甚至只有几分之一度时），若有足够的时间，固体就可以全部转变为液体。因此，要精确测定熔点，在接近熔点时，加热速度一定要慢。每分钟温度升高不能超过 $1℃\sim2℃$。只有这样，才能使整个熔化过程尽可能接近于两相平衡的条件。

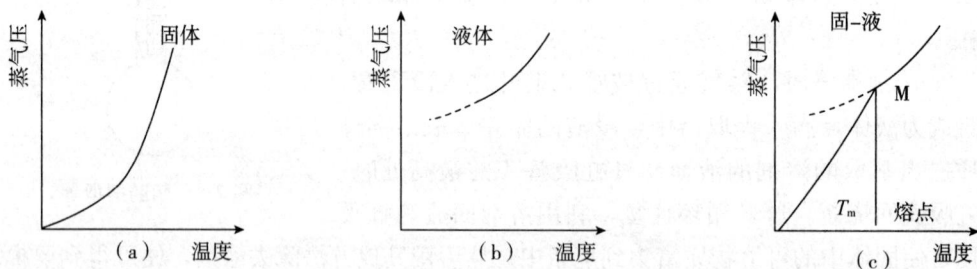

图 2-9 物质蒸气压与温度关系图

有机化合物熔点的测定方法很多，其中以毛细管法和显微熔点法为主。毛细管法应用广泛，具有设备简单，加热、冷却速度快，节省时间等优点；但样品消耗量大，加热时熔点测定管内温度分布不均匀，不能精确观察样品在加热过程中状态的变化，测得的熔点不精确。显微熔点测定法由于采用可调电热板加热，温度计或热电偶测温，以及显微镜观察样品的熔化过程，测量精度提高。它可用来测量微量样品（2~3 粒小结晶，<0.1mg），以及具有较高熔点（高于 350℃）样品的熔点。

（二）　熔点测定方法

1. 毛细管法

毛细管法主要步骤如下。

（1）**熔点管**　通常用内径 1mm、长 6～7cm、一端封闭的毛细管作为熔点管。

（2）**样品的填装**　取 0.1～0.2g 干燥样品，放在表面皿或玻片上，用玻璃棒研成粉末，聚成小堆，将毛细管的开口端插入样品堆中，使样品挤入管内，然后把毛细管开口竖立起来，在桌面上顿几下（毛细管的下落方向必须与桌面垂直，否则毛细管极易折断），使样品落入管底。最后将毛细管开口朝上从一根长 40～50cm 高的玻璃管掉到表面皿上，重复几次，直至样品高度为 2～3mm 为止。操作要迅速，防止样品吸潮，装入样品要紧实，受热时才均匀，如果有空隙，不易传热，影响测定结果。

（3）**装置**　用毛细管法测定熔点时，通常用提勒管（也叫 b 型管）作热浴装置，见图 2-10。

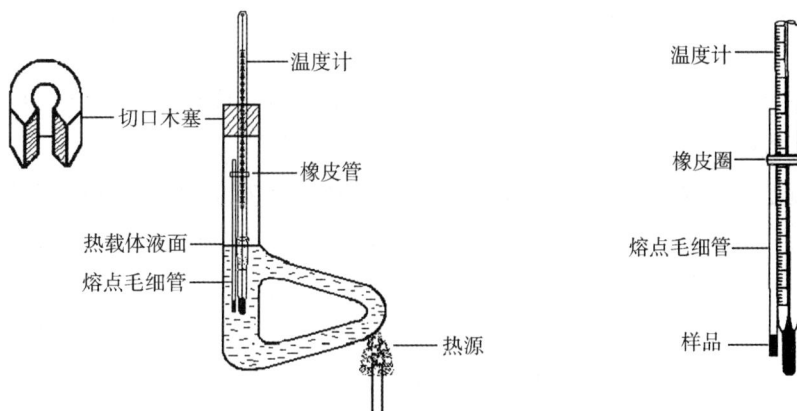

图 2-10　毛细管测定熔点的装置

将 b 型管夹在铁架台上，装入传热介质于熔点测定管中至高出上侧管约 1cm 处为度，熔点测定管口配一缺口的单孔软木塞，温度计插入孔中，刻度应朝向软木塞缺口。把毛细管附着在温度计旁。温度计插入熔点测定管中的深度以水银泡恰在熔点测定管的两侧管中间。测定熔点时，在下侧管上端加热。这种装置的好处是，管内液体因温度差而发生对流作用，省去了人工搅拌的麻烦，构造简单，操作简便；但传热不均匀，常因温度计的位置和加热部位的变化而影响测定结果的准确度。

（4）**传热介质**　载热体又称浴液，通常根据所测的熔点范围进行选择，熔点在 80℃ 以下的用蒸馏水；熔点在 200℃ 以下用液体石蜡或浓硫酸；熔点在 200℃～300℃ 之间用 H_2SO_4 和 K_2SO_4（7∶3）的混合液。此外，甘油、苯二甲酸二丁酯、硅油等也可采用。用浓硫酸作热浴时，应特别小心，不仅要防止灼伤皮肤，还要注意勿使样品或其他有机物触及硫酸。所以装填样品时，黏在管外的样品必须拭去，否则硫酸的颜色会变成棕黑，妨碍观察。如已变黑，可酌情加入少量硝酸钠（或硝酸钾）晶体，加热后便可褪色。

（5）测定过程　毛细管中的样品应位于温度计水银球的中部，可用乳胶圈捆好贴实，不要让胶圈浸入溶液中。用有缺口的塞子作支撑，套入温度计放到提勒管中，并使温度计水银球处在提勒管的两叉口之间。

在图 2-10 所示位置加热，载热体被加热后在管内呈对流循环，使温度变化比较均匀。在测定已知熔点的样品时，可以较快速度（5℃～6℃/min）加热，在距离熔点 10℃～15℃时，应以 1℃～2℃/min 的速度加热，直到测出熔程。在测定未知熔点样品时，应先粗测一次，确定其熔点范围，然后再进行细测。当接近熔点时，加热要更慢，每分钟上升 0.2℃～0.3℃，此时应特别注意温度的上升和毛细管中样品的情况，当毛细管中的样品开始塌落和有湿润现象，并出现小滴液体时，表示样品已开始熔化，为始熔，记下温度 T_1，继续微热至微量固体样品消失成为液体时，为终熔 T_2，所得数据即为该化合物的熔程（距）。例如某一化合物在 112℃时开始萎缩塌落，113℃时有液滴出现，在 114℃时全部熔化成为液体，应记录为：熔点 113℃～114℃，112℃塌落（或萎缩）。

在测定过程中，还要观察和记录在加热过程中是否有萎缩、变色、发泡、升华及炭化等现象，以供分析参考。

熔点测定至少要有两次重复，每一次测定都必须用新的毛细熔点管新装样品，不能重复使用已测定过熔点的样品管。因为有些物质在熔化过程中会部分分解，有些物质在熔化后重新固化会转变成具有不同熔点的其他结晶形式。

实验完毕，一定要让 b 形管中的热浴液和温度计冷却，待冷却后方可将热浴液倒入回收瓶中，并用废纸擦去黏在温度计上的浴液，再将温度计清洗干净。

2. 显微熔点法

显微熔点法采用显微熔点仪来测定有机物熔点，其特点是可在显微镜下观察样品熔化的全过程，而且样品使用量极少（2～3 粒小结晶）。显微熔点测定仪如图 2-11 所示。

测定时，将微量样品晶粒（不多于 0.1mg）置于洁净、干燥的载玻片上，注意不可堆积；然后将载玻片放在加热台上，用一片盖玻片盖在试样上。调节镜头，使显微镜的焦点对准试样晶体，开启加热器，用变压器调整加热速度，当温度接近试样熔点时，控制温度上升的速度为每分钟约 1℃，当晶体棱角开始变圆时，表示熔化已经开始（始熔），结晶形状完全消失表示熔化已经完成（全熔）。在显微镜下，可观察到样品变化的全过程，如结晶水、多晶的变化及分解。

测定完成后，停止加热，待稍冷后，用镊子夹走载玻片，用一厚铝盖板放在加热板上，加快冷却，以便再次测定或收存仪器。

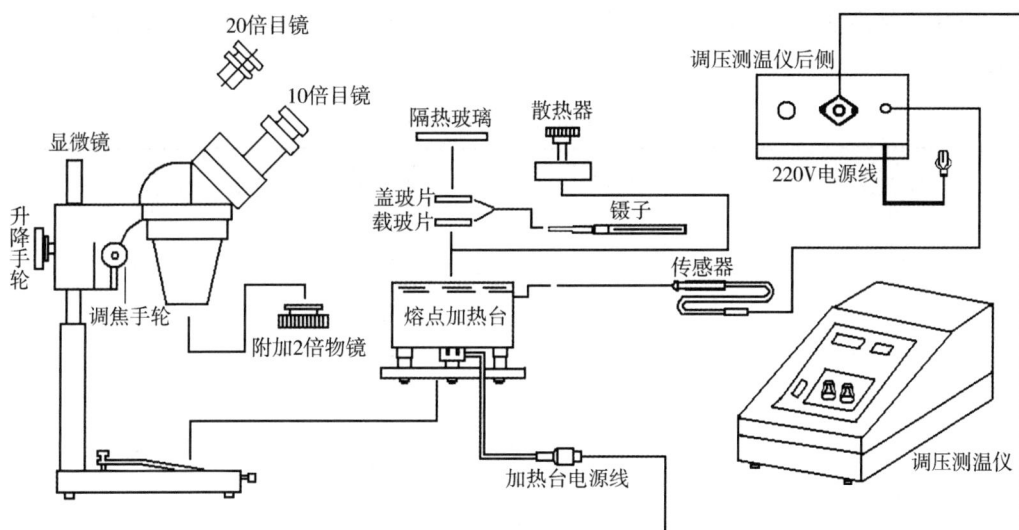

图 2-11 显微熔点测定仪

（三） 温度计校正

一般的温度计出厂是没有经过校正的，为了进行准确测量，需要在使用前对其进行校正。校正温度计的方法如下。

1. 比较法

选一支标准温度计与要校正的温度计在同一条件下测定温度，比较其所指示温度值。

2. 定点法

选择数种已知准确熔点的标准样品，测它们的熔点，以观察到的熔点 t_2 为纵坐标，以此熔点 t_2 与准确熔点 t_1 之差 Δt 做横坐标，如图 2-12 所示，从图中求得校正后的正确温度误差值，例如测得的温度为 $100°C$，则校正后应为 $101.3°C$。

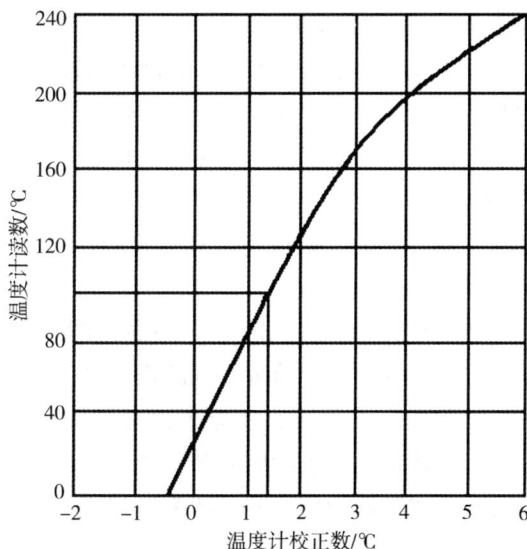

图 2-12 定点法温度计刻度校正示意图

常用于熔点法校正温度计的标准化合物的熔点见表 2-1，使用时可具体选择其中几种物质。

表 2-1　标准有机化合物的熔点

样品名称	m. p.（℃）	样品名称	m. p.（℃）
水-冰	0	邻苯二酚	105.0
α-萘胺	50.0	乙酰苯胺	114.3
二苯胺	53.0~54.0	苯甲酸	122.4
对二氯苯	53.1	尿素	132.0
苯甲酸苯酯	70.0	水杨酸	159.0
萘	80.0	D-甘露醇	168.0
间二硝基苯	89.0~90.0	对苯二酚	174.0
二苯乙二酮	95.0~96.0	蒽	216.2~216.4

二、旋光度的测定及比旋光度

某些有机化合物因具有手性，能使偏振光振动平面旋转。使偏振光振动平面向左旋转的物质称为左旋性物质，使偏振光振动平面向右旋转的物质称为右旋性物质。

一种化合物的旋光度和旋光方向可用它的比旋光度来表示。物质的旋光度与测定时所用物质的浓度、溶剂、温度、旋光管长度和所用光源的波长等都有关系。

纯液体的比旋光度 $=[\alpha]_\lambda^t = \alpha/(L \cdot d)$

溶液的比旋光度 $=[\alpha]_\lambda^t = \alpha/(L \cdot c)$

$=[\alpha_M]_\lambda^t = 0.01 M_r \times [\alpha]_\lambda^t$

式中：$[\alpha]_\lambda^t$ 为旋光性物质在温度为 t，光源的波长为 λ 时的旋光度，一般用钠光（λ 为 589.3nm），用 $[\alpha]_D^t$ 表示。t 为测定时的温度，℃。d 为密度，g/cm³。λ 为光源的光波长。α 为标尺盘转动角度的读数（即旋光度°）。L 为旋光管的长度，dm。c 为质量浓度（100mL 溶液中所含样品的克数）。M_r 为相对分子质量。

比旋光度是物质特性常数之一，测定比旋光度可以检定旋光性物质的纯度和含量。

1. 旋光仪的基本结构

普通的旋光仪一般由光源、物镜、偏振镜、磁旋线圈、样品管和光电倍增管组成。仪器的基本装置如图 2-13 所示。

旋光仪是利用偏振镜来测定旋光度的。如调节偏振镜使其透光的轴向角度与另一偏振镜的透光轴向角度互相垂直，则在物镜前观察到的视场呈黑暗，如在之间放一盛满旋光物质的样品管，则由于物质的旋光作用，使原来由偏振镜出来的偏振光转过一个角度，视窗不呈黑暗，此时必须将偏振镜也相应旋转一个角度，这样视窗又恢复黑暗。因此偏振镜由第一次黑暗到第二次黑暗的角度差，即为被测物质的旋光度。

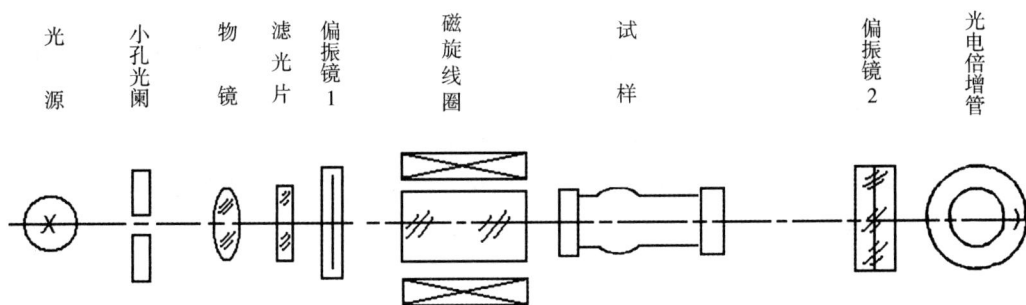

图 2-13   旋光仪示意图

2. 旋光仪的操作方法

（1）将仪器电源接入 220V 交流电源（要求使用交流电子稳压器），并将接地脚可靠接地。

（2）打开电源开关，这时钠光灯应启亮，需经 5 分钟钠光灯预热，使之发光稳定。

（3）打开电源开关，若光源开关扳上后，钠光灯熄灭，则再将光源开关上下重复扳动一两次，使钠光灯在直流下点亮为正常。

（4）打开测量开关，这时数码管应有数字显示。

（5）将装有蒸馏水或其他空白溶剂的试管放入样品室，盖上箱盖，待示数稳定后，按清零按钮。试管中若有气泡，应先让气泡浮在凸颈处。通光面两端的雾状水滴，应用软布揩干。试管螺帽不宜旋得过紧，以免产生应力，影响读数。试管安放时应注意标记的位置和方向。

（6）取出试管，将待测样品注入试管，按相同的位置和方向放入样品室内，盖好箱盖。仪器数显窗将显示出该样品的旋光度。

（7）逐次按下复测按钮，重复操作至少五次，取平均值作为样品的测定结果。

（8）若样品超过测量范围，仪器在 ±45°处来回振荡。此时取出试管，仪器即自动转回零位。

（9）仪器使用完毕后，应依次关闭测量、光源、电源开关。

（10）钠灯在直流供电系统出现故障不能使用时，仪器也可在钠灯交流供电的情况下测试，但仪器的性能可能略有降低。

（11）当放入小角度样品（小于 0.5°）时，示数可能变化，这时只要按复测按钮，就会出现新的数字。

3. 测定光学纯度

先按规定的浓度配制好溶液，按规定测出旋光度，然后按下列公式计算出比旋光度 $[\alpha]$：

$$[\alpha]=\alpha/(L \cdot C)$$

式中，α 为测得的旋光度，°。C 为溶液的浓度，g/mL。L 为旋光管的长度，dm。

由测得的比旋度，可求得样品的光学纯度：

光学纯度＝实测比旋光度/理论比旋光度

4. 旋光仪的维修及保养

（1）仪器应放在干燥通风处，防止潮气侵蚀，尽可能在 20℃的工作环境中使用仪器，搬动仪器应小心轻放，避免振动。

（2）光源（钠光灯）积灰或损坏，可打开机壳擦净或更换。

（3）机械部件摩擦阻力增大，可以打开门板，在伞形齿轮蜗杆处加少许油。

（4）如果发现仪器停转或其他元件损坏故障，应按电原理图详细检查，或由厂方维修人员进行检修。

（5）打开电源后，若钠光灯不亮，可检查保险丝。

第三节　液体化合物的分离与提纯

一、常压蒸馏和沸点的测定

蒸馏是分离和提纯液态有机化合物最常用的一种方法。常压下的蒸馏，称为普通蒸馏或简单蒸馏，通过简单蒸馏可以将两种或两种以上挥发度不同的液体分离，这两种液体的沸点应相差 30℃以上。

1. 原理

蒸馏是指将液态物质加热至沸腾，使液体汽化，然后蒸汽通过冷凝变为液体的过程。若加热的液体是纯物质，当该物质蒸气压与液体表面的大气压相等时，液体呈沸腾状，此时的温度为该液体的沸点。所以，可以通过蒸馏操作测定物质的沸点。纯粹液体的沸程一般为 0.5℃～1.0℃，而混合物的沸程较宽。

当液体加热时，低沸点、易挥发物质首先蒸发，故在蒸气中比在原液体中有较多的易挥发组分，在剩余的液体中含有较多的难挥发组分，因而蒸馏可使原混合物中各组分得到部分或完全分离。

在加热过程中，溶解在液体内部的空气或以薄膜形式吸附在瓶壁上的空气有助于气泡的形成，玻璃的粗糙面也起促进作用。这种气泡中心称为汽化中心，可作为蒸汽气泡的核心。

在沸点时，液体释放出大量蒸汽至小气泡中。待气泡中的总压力增加到超过大气压，并足够克服由于液体所产生的压力时，蒸汽的气泡就上升逸出液面。如果在液体中有许多小的空气泡或其他汽化中心时，液体就可平稳地沸腾。反之，如果液体中几乎不存在空气，器壁光滑、洁净，形成气泡就非常困难。这样加热时，液体的温度可能上升到超过沸点很多而不沸腾，这种现象称为"过热"。液体在此温度时的蒸气压已远远超过大气压和液柱压力之和，因此上升气泡增大非常快，甚至将液体冲溢出瓶外，称为"暴沸"。

在本节所讨论的蒸馏操作中，被蒸馏物都是耐热的，即在沸腾的温度下不至于分解。

2. 装置

简单蒸馏装置主要是由蒸馏烧瓶（长颈或短颈圆底烧瓶）、冷凝管和接收器三部分组成，见图 2-14。

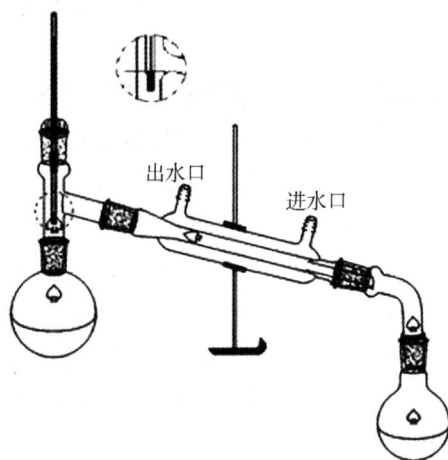

出水口   进水口

图 2-14 普通蒸馏装置图

在装配过程中应注意：

①为了保证温度测量的准确性，温度计水银球的位置应放置如图 2-14 所示，即温度计水银球上限与蒸馏头支管下限在同一水平线上。

②任何蒸馏或回流装置均不能密封，否则当液体蒸气压增大时，轻者蒸气冲开连接口，使液体冲出蒸馏瓶，重者会发生装置爆炸而引起火灾。

③在安装时，其程序一般是由下（从加热源）而上，由左（从蒸馏烧瓶）至右的顺序组装。有时还要根据最后的接收瓶的位置（有时还显得过低过高），反过来调整蒸馏烧瓶与加热源的高度。在安装时可使用升降台或小方木块作为垫高用具，以调节热源或接收瓶的高度。仪器组装应做到横平竖直，铁架台一律整齐地放置于仪器背后。

当蒸馏沸点高于 140℃的有机物时，不能用水冷式冷凝管，要改用空气冷凝管。

3. 操作

（1）加料   做任何实验都应先组装仪器后再加料。加液体原料时，取下温度计和温度计套管，在蒸馏头上口放一个长颈漏斗，注意长颈漏斗下口处的斜面应超过蒸馏头支管，慢慢加入液体样品。

（2）加沸石   为了避免"暴沸"现象的发生，加热之前加入 2～3 粒沸石或素磁片等助沸物。助沸物一般为多孔性物质，刚加入液体中小孔内有许多气泡，可以将液体内部的气体导入液体表面，形成气化中心，使沸腾平稳。也可用几根一端封闭的毛细管（毛细管应有足够长度，使其上端可放在蒸馏瓶的颈部，开口的一端朝下）。如加热中断，再加热时应重新加入新助沸物，因为温度下降时，助沸物已吸附液体，失去形成气化中心的功能。

同理，分馏和回流时也要加入助沸物。

（3）加热   加热前，应检查仪器装配是否正确，原料、助沸物是否加好，冷凝水是否通入，一切无误后再开始加热。最初宜用小火，以免蒸馏烧瓶因局部受热而破裂，慢慢增强火焰强度，使之沸腾进行蒸馏，调节加热强度，使蒸馏速度以 1～2 滴/秒馏液为宜。蒸馏时，温度计水银球上应始终保持有液滴存在，应当在实验记录本上记录下第一滴馏出液滴入接收器时的温度。

（4）馏分收集　蒸馏时要收集沸点范围狭窄的各个馏分，所以，蒸馏前要准备两个以上的接收瓶。当温度计的读数稳定时，另换接收器收集馏液。如要集取的馏分的温度范围已有规定，即可按规定收集。如维持原来的加热温度，不再有馏液蒸出，温度突然下降时，就应停止蒸馏，即使杂质很少，也不能蒸干，以免烧瓶破裂及发生意外事故。在蒸馏乙醚等低沸点易燃液体时，应当用热水浴加热，不能用明火直接加热，也不能用明火加热热水浴。用添加热水的方法，维持热水浴的温度。

（5）拆除　蒸馏完毕，先停止加热，撤去热源，然后停止通冷却水。拆卸装置时，可按与装配时相反的顺序，取下接收器、接液管、冷凝管和蒸馏烧瓶。

注意事项：

①对于液体有机试剂沸程的测定，国家标准 GB615-88《化学试剂沸程测定通用方法》规定了用蒸馏法测定的通用方法，适用于沸点在 30℃～300℃ 范围内，并且在蒸馏过程中化学性质稳定的液体有机试剂。

②对于液体有机试剂沸点的测定，国家标准 GB616-88《化学试剂沸点测定通用方法》规定了沸点测定的通用方法，适用于受热易分解、氧化的液体有机试剂的沸点测定。

③在蒸馏沸点高于 130℃ 的液体时，应用空气冷凝管。主要原因是温度高时，如用水作为冷却介质，冷凝管内外温差增大，而使冷凝管接口处局部骤然遇冷容易断裂。

④根据待蒸馏液体的体积，选择蒸馏瓶的大小。一般是被蒸馏的体积数占烧瓶容积的 1/3～2/3 为宜，蒸馏瓶越大产品损失越多。

⑤蒸馏系统若与大气的通路不畅通，一旦加热蒸馏时，体系内部压力增加，就有冲破仪器，甚至爆炸的危险，一定要保持与大气的通道畅通。

⑥如果没有液滴，可能有两种情况：一是温度低于沸点，体系内气-液相没有达到平衡，此时应将电压调高；二是温度过高，出现过热现象，此时温度已超过沸点，应将电压调低。

⑦停止通冷却水，取下接收器，放好馏液后，再拆卸冷凝管，应先放掉冷凝管内的积水再卸下，以免碰撞损坏。

二、分馏

简单分馏主要用于分离两种或两种以上沸点相近且混溶的有机溶液。分馏在实验室和工业生产中广泛应用，工程上常称为精馏。

1. 原理

简单蒸馏只能使液体混合物得到初步分离。为了获得高纯度的产品，理论上可以采用多次部分汽化和多次部分冷凝的方法，即将简单蒸馏得到的馏出液再次部分汽化和冷凝，以得到纯度更高的馏出液。而将简单蒸馏剩余的混合液再次部分汽化，则得到易挥发组分更低、难挥发组分更高的混合液。只要上面这一过程足够多，就可以将两种沸点相差很近的有机溶液分离成纯度很高的易挥发组分和难挥发组分的两种产品。简言之，分馏即为反复多次的简单蒸馏。在实验室常采用分馏柱来实现，而工业上采用精馏塔。

分馏柱有多种类型，能适用于不同的分离要求。但对于任何分馏系统，要得到满意的分馏效果，必须具备以下条件：

①在分馏柱内蒸气与液体之间可以相互充分接触。

②分馏柱内，自下而上保持一定的温度梯度。

③分馏柱要有一定的高度。

④混合液内各组分的沸点有一定差距。

为此，在分馏柱内装入具有大表面积的填充物。填充物之间要保留一定的空隙，可以增加回流液体和上升蒸汽的接触面。分馏柱的底部往往放一些玻璃丝，以防止填充物坠入蒸馏瓶中。分馏柱效率的高低与柱的高度、绝热性能和填充物的类型等均有关系。

2. 装置

分馏装置与简单蒸馏装置类似，不同之处是在蒸馏瓶与蒸馏头之间加了一根分馏柱，如图 2-15 所示。分馏柱的种类很多，实验室常用韦氏分馏柱。半微量实验一般用填料柱，即在一根玻璃管内填上惰性材料，如玻璃、陶瓷或螺旋形、马鞍形等各种形状的金属小片。

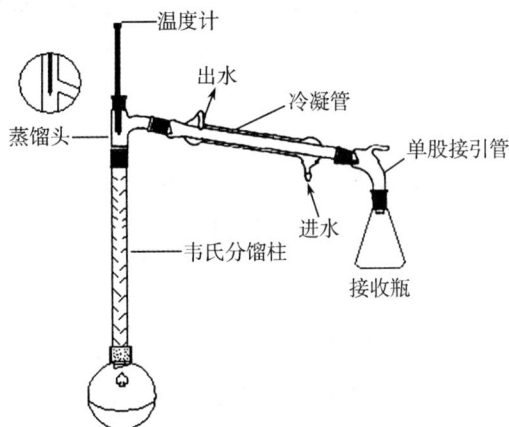

图 2-15　简单分馏装置图

3. 操作

（1）将待分馏的混合物加入圆底烧瓶中，加入 2～3 粒沸石。采用适宜的热浴加热，烧瓶内的液体沸腾后要注意调节浴温，使蒸汽慢慢上升，并升至柱顶。在开始有馏出液滴出后，记下时间与温度，调节浴温使蒸出液体的速度控制在 1 滴/2～3 秒为宜。待低沸点组分蒸完后，更换接收器，此时温度可能有回落。逐渐升高温度，直至温度稳定，此时所得的馏分称为中间馏分。再换第三个接收器，在第二个组分蒸出时有大量馏液蒸馏出来，温度已恒定，直至大部分蒸出后，柱温又会下降。注意不要蒸干，以免发生危险。

（2）如果分馏柱的效率不高，则会使中间馏分大大增加，馏出的温度是连续的，没有明显阶段性区分，对于出现这样问题的实验，要重新选择分馏效率高的分馏柱，重新进行分馏。进行分馏操作一定要控制好分馏的速度，维持恒定的馏速。

在理想情况下，柱底的温度与蒸馏瓶内液体沸腾时的温度接近。柱内自下而上温度不断降低，直至柱顶接近易挥发组分的沸点。一般情况下，柱内温度梯度的保持是通过调节馏出液速度来实现的，若加热速度快，蒸出速度也快，会使柱内温度梯度变小，影响分离效果。若加热速度慢，蒸出速度也慢，会使柱身被流下来的冷凝液阻塞，这种现象称为液泛。为了避免上述情况出现，使有相当数量的液体自分馏柱流回烧瓶，就要选择好合适的回流比，尽量减少分馏柱的热量散发及柱温的波动。

所谓回流比，是指冷凝液流回蒸馏瓶的速度与柱顶蒸汽通过冷凝管流出速度的比值。回流比越大，分离效果越好。回流比的大小根据物系和操作情况而定，一般回流比控制在 4 : 1，即冷凝液流回蒸馏瓶为 4 滴/秒，柱顶馏出液为 1 滴/秒。

（3）液泛能使柱身及填料完全被液体浸润，在分离开始时，可以人为地利用液泛将液体均匀地分布在填料表面，充分发挥填料本身的效率，这种情况叫作预液泛。一般分馏时，先将电压调得稍大些，一旦液体沸腾就应注意将电压调小，当蒸气冲到柱顶还未达到温度计水银球部位时，通过控制电压使蒸汽保证在柱顶全回流，这样维持 5 分钟。再将电压调至合适的位置，此时，应控制好柱顶温度，使馏出液以 1 滴/2～3 秒的速度平稳流出。

三、减压蒸馏

减压蒸馏适用于在常压下沸点较高及常压蒸馏时易发生分解、氧化、聚合等反应的热敏性有机化合物的分离提纯。一般把低于一个大气压的气态空间称为真空，因此，减压蒸馏也称为真空蒸馏。

1. 原理

液体的沸点是指液体的蒸气压和外界压力相等时液体的温度。随着外界施加于液体表面压力的降低，液体沸点下降。沸点与压力的关系可近似地用下式表示：

$$\lg p = A + B/T$$

式中：p 为液体表面的蒸气压；T 为溶液沸腾时的热力学温度；A、B 为常数。

如果用 $\lg p$ 为纵坐标，$1/T$ 为横坐标，可近似得到一条直线。从二元组分已知的压力和温度，可算出 A 和 B 的数值，再将所选择的压力带入上式即可求出液体在这个压力下的沸点。表 2-2 列出了部分有机化合物在不同压力下的沸点。

但实际上许多物质的沸点变化是由分子在液体中的缔和程度决定的。因此，在实际操作中经常使用图 2-16 估算某一压力下的沸点。

压力对沸点的影响还可以作如下估算：

（1）从大气压降至 3332Pa（25mmHg，1mmHg＝133.3Pa）时，高沸点（250℃～

300℃）化合物的沸点随之下降 100℃～125℃。

表 2-2 常见有机化合物在不同压力下的沸点（℃）

化合物	101.33kPa	53.33kPa	13.33kPa	5.33kPa	1.33kPa	0.13kPa
1-溴丁烷	101.6	81.7	44.7	24.8	−0.3	−33.0
乙醇	78.4	63.5	34.9	19.0	−2.3	−31.3
乙醚	34.6	17.9	−11.5	−27.7	−48.1	−74.3
己二酸	337.5	312.5	265.0	240.5	205.5	159.2
乙酸乙酯	77.1	59.3	27.0	9.1	−13.5	−43.4
乙酸异戊酸	142.0	121.5	83.2	62.1	35.2	—
乙酰苯胺	303.8	277.0	227.2	199.6	162.0	114.0
苯甲酸	249.2	227.0	186.2	162.6	132.1	96.0
苯胺	184.4	161.9	119.9	96.7	69.4	43.8
间硝基苯胺	305.7	280.2	232.1	204.2	167.8	119.3
邻硝基苯酚	214.5	191.0	146.4	122.1	90.4	49.3
仲丁醇	251.0	204.0	172.0	147.5	118.2	99.5
乙二醇	197.3	178.5	141.8	120.0	92.1	53.0
甘油（丙三醇）	290.0	263.0	220.1	198.0	167.2	125.5

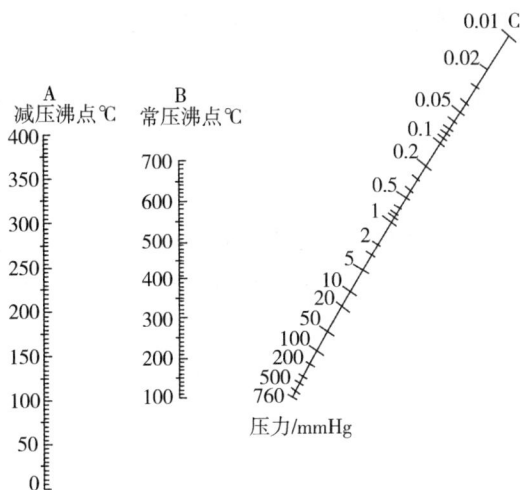

图 2-16 液体在常压、减压下的沸点近似关系图

（2）当气压在 3332Pa（25mmHg）以下时，压力每降低一半，沸点下降 10℃。对于具体某个化合物减压到一定程度后其沸点是多少，可以查阅有关资料，但更重要的是通过实验来确定。

2. 装置

有机化学实验室中的减压蒸馏装置由减压系统、蒸发、冷凝与接收四部分组成（图2-17）。与普通蒸馏操作相比，增加了减压系统这一部分。

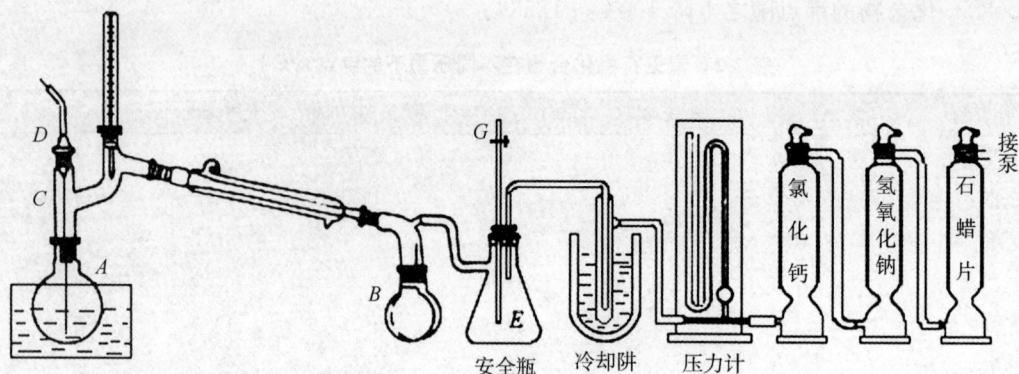

图 2-17　减压蒸馏装置

（1）减压系统　由减压泵和保护、测压体系组成。实验室中经常用的减压泵有水泵、微循环水真空泵和真空泵。

在克氏蒸馏头 C 的直口处插一根毛细管 D，直至蒸馏瓶 A 底部，距底部距离越短越好，但又要保证毛细管有一定的出气量。毛细管的作用是在抽真空时，将微量气体抽进反应体系中，起到搅拌和汽化中心的作用，防止液体暴沸。因为在减压条件下沸石已不能起汽化中心的作用。在毛细管上端加一节乳胶管并插入一根细铜丝，用螺旋夹夹住，可以调节进气量。

进行半微量和微量减压蒸馏时，用电磁搅拌搅动液体可以防止液体暴沸。常量减压蒸馏时，因为被蒸馏液体较多，用此方法不太妥当。

保护与测压体系：若用水泵或循环水真空泵抽真空不必设置保护体系。真空泵的保护体系由安全瓶 E（用吸滤瓶装配）、冷却阱及两个以上吸收塔组成。安全瓶的作用不仅是防止压力下降或停泵时油（或水）倒吸流入接收瓶中造成产品污染，而且还可以防止物料进入减压系统。安全瓶上配有两通活塞 G，一端通大气，具有调节系统压力及放入大气以恢复瓶内大气压的功能。冷却阱具有冷却进入真空泵中的气体的作用，在使用时，置于盛放冷却剂（干冰、冰盐或冰水）的广口保温瓶内。可以依次连接三个吸收塔，分别盛装无水氯化钙、氢氧化钙（或氢氧化钠）和石蜡片。

实验室通常使用水银压力计来测量、指示减压系统内的压力，其结构有封闭式和开口式两种。图 2-18 为开口式压力计，它的一端和减压系统连接，另一端与大气相通。使用时，U 形管两臂汞柱高度之差即为大气压和系统中压力之差，蒸馏系统内的实际压力=大气压-汞柱差值。封闭式压力计，其 U 形管一端是封闭的，封闭端为真空状态，读数时只要量出 U 形管两臂汞柱的高度差即表示蒸馏系统内的压力。开口式压力计笨重，读数方式也较麻烦，但测试的数值比较准确；封闭式的比较轻巧，读数方便，但常常因为有残留空气，以致不够准确，常需用开口式的来校正。使用时应避免水或其他污物进入压力计内，否则将严重影响其准确度。

目前，实验室采用数字压力计，在读数上更为方便和智能化，已成为发展趋势。

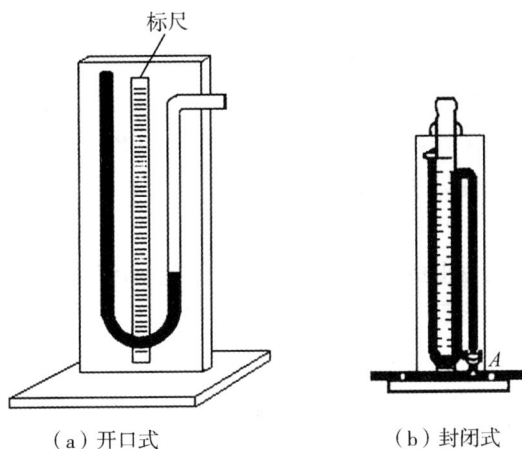

（a）开口式　　　　　　（b）封闭式

图 2-18　水银压力计

（2）**旋转蒸发器**　可用来回收、蒸发有机溶剂。由于它使用方便，近年来在有机实验室中被广泛使用。它利用一台电机带动可旋转的蒸发器（一般用圆底烧瓶）、冷凝管、接收瓶，如图 2-19 所示。此装置可在常压或减压下使用，可一次进料，也可分批进料。由于蒸发器在不断旋转，可免加沸石而不会暴沸。同时，液体附于壁上形成一层液膜，加大蒸发面积，使蒸发速度加快。

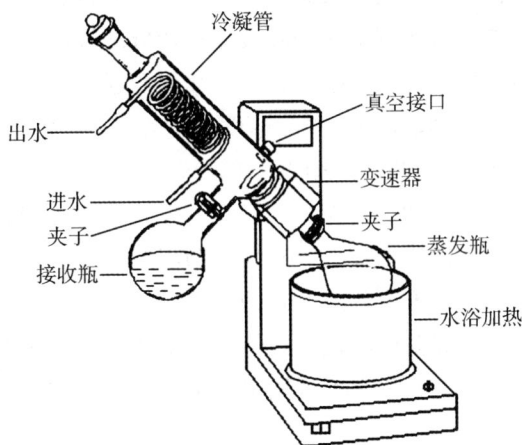

图 2-19　旋转蒸发器示意图

使用时应注意：①减压蒸馏时，当温度高、真空度低时，瓶内液体可能会暴沸。此时，及时转动插管开关，通入冷空气降低真空度即可。对于不同物料，应找出合适的温度与真空度，以平稳地进行蒸馏。②停止蒸发时，先停止加热，再切断电源，最后停止抽真空。若烧瓶取不下来，可趁热用木槌轻轻敲打，以便取下。

3. 操作

（1）减压蒸馏时，蒸馏瓶和接收瓶均不能使用不耐压的平底仪器（如锥形瓶、平底烧瓶等）和薄壁或有破损的仪器，以防由于装置内处于真空状态，外部压力过大而引起爆炸。

（2）减压蒸馏的关键是装置密封性要好，因此在安装仪器时，应在磨口接头处涂抹少量凡士林，以保证装置密封和润滑。温度计一般用一小段乳胶管固定在温度计套管上，根据温度计的粗细来选择乳胶管内径，乳胶管内径略小于温度计直径较好。

（3）仪器装好后，应空试系统是否密封。

具体方法：

①泵打开后，将安全瓶上的放空阀关闭，拧紧毛细管上的螺旋夹，待压力稳定后，观察压力计（表）上的读数是否到最小或是否达到所要求的真空度。如果没有，说明系统内漏气，应进行检查。

②检查方法：首先将真空接引管与安全瓶连接处的橡胶管折起来用手捏紧，观察压力计（表）的变化，如果压力马上下降，说明装置内有漏气点，应进一步检查装置，排除漏气点；如果压力不变，说明自安全瓶以后的系统漏气，应依次检查安全瓶和泵，并加以排除或请指导教师排除。

③漏气点排除后，应再重新空试，直至压力稳定并且达到所要求的真空度时，方可进行下面的操作。

（4）减压蒸馏时，加入待蒸馏液体的量不能超过蒸馏瓶容积的 1/2。待压力稳定后，蒸馏瓶内液体中有连续平稳的小气泡通过。如果气泡太大已冲入克氏蒸馏头的支管，则可能有两种情况：一是进气量太大，二是真空度太低。此时，应调节毛细管上的螺旋夹使其平稳进气。由于减压蒸馏时一般液体在较低的温度下就可以蒸出，因此，加热不要太快。当馏头蒸完后转动真空接引管（一般用双股接引管，当要接收多组馏分时可采用多股接引管），开始接收馏分，蒸馏速度控制在 1～2 滴/秒。在压力稳定及化合物较纯时，沸程应控制在 $1℃～2℃$ 范围内。

（5）停止蒸馏时，应先将加热器撤走，打开毛细管上的螺旋夹，待稍冷却后，慢慢地打开安全瓶上的放空阀，使压力计（表）恢复到零的位置，再关泵。否则由于系统中压力低，会发生油或水倒吸回安全瓶或冷阱的现象。

（6）为了保护油泵系统和泵中的油，在使用油泵进行减压蒸馏前，应将低沸点的物质先用简单蒸馏的方法去除，必要时可先用水泵进行减压蒸馏。加热温度以产品不分解为准。

注意事项：

①真空泵是减压蒸馏操作中的核心设备之一。虽然在装置中设有保护体系，以延长其正常的运转时间，但仍应定期更换真空泵油并清洗机械装置，尤其是在其真空度有明显下降时，更应及时维修，不可"带病操作"，否则机械损坏更为严重。

②冷却阱有利于除去低沸点物质。在每次实验后应及时除去并清洗，以免混杂在装置中。

③干燥塔的有效工作时间是有限的，应适时定期更换装填物。装填物吸附饱和后，不能起保护真空泵的作用，还会阻塞气体通道，使真空度下降。如长期不更换，则会胀裂塔身（如装氯化钙塔），或者使玻璃瓶塞与塔身黏合，不能启开而报废（装碱性填充

物）。所以要经常观察干燥塔内装填物的形态，是否有潮湿状等。及时更换装填物，以保证真空泵有良好的工作性能。

④水银压力计平时要保养好，使之随时处于备用的状态。U形压力计的水银灌装，当心排除顶部的气泡。压力计与干燥塔或冷却阱连接时，要当心勿折断压力计的玻璃管，施力要适度，过细的橡皮管不适宜作为连接用。

四、水蒸气蒸馏

1. 原理

在难溶或不溶于水的有机物中通入水蒸气或与水一起共热，使有机物随水蒸气一起蒸馏出来，这种操作称为水蒸气蒸馏。水蒸气蒸馏也是分离和提纯有机化合物的常用方法，但被提纯的物质必须具备以下条件：

①不溶或难溶于水。

②与水一起沸腾时不发生化学变化。

③在100℃左右时，必须具有一定的蒸气压，至少666.5～1333Pa（5～10mmHg）。

水蒸气蒸馏常用于下列几种情况：

①在常压下蒸馏易发生分解的高沸点有机物。

②用一般蒸馏、萃取或过滤等方法难以分离的含有较多固体的混合物。

③用蒸馏、萃取等方法难以分离的含有大量树脂状物质或者不挥发性杂质的混合物。

根据分压定律，水和有机物一起蒸馏时，混合物的蒸气压应该是各组分蒸气压之和，

即　$P_总＝P_水＋P_有$

式中，$P_总$ 为混合物总蒸气压；$P_水$ 为水的蒸气压；$P_有$ 为不溶或难溶于水的有机物蒸气压。

当 $P_总$ 等于大气压时，该混合物开始沸腾，此时，$P_水$ 和 $P_有$ 均小于大气压，显然，混合物的沸点低于任何一个组分的沸点，即该有机物和水在比其正常沸点低的温度下就可以被蒸馏出来。例如，对水（bp100℃）和溴苯（bp156℃）两个不互溶混合物进行蒸馏，其蒸气压-温度曲线及纯化合物的相应曲线见图2-20，说明混合物在95℃左右总蒸气压就等于大气压了，此时混合物沸腾。即在95℃时，水和溴代苯就被蒸馏出来。正如理论上所预见的那样，此温度低于水及溴代苯的沸点。这个混合物中水是最低沸点的组分。因此要在100℃或更低温度下蒸馏化合物，特别是用来纯化那些热稳定性较差和高温下要分解的化合物，水蒸气蒸馏是一种有效的方法。

那么，被蒸馏出来的混合物中，有机物的含量有多少呢？馏出液中有机物的质量（$W_有$）与水的质量（$W_水$）之比，应等于两者的分压（$P_水$ 和 $P_有$）与各自相对分子质量（$M_有$ 和 $M_水$）乘积之比。

$$\frac{W_有}{W_水}＝\frac{P_有×M_有}{P_水×M_水}$$

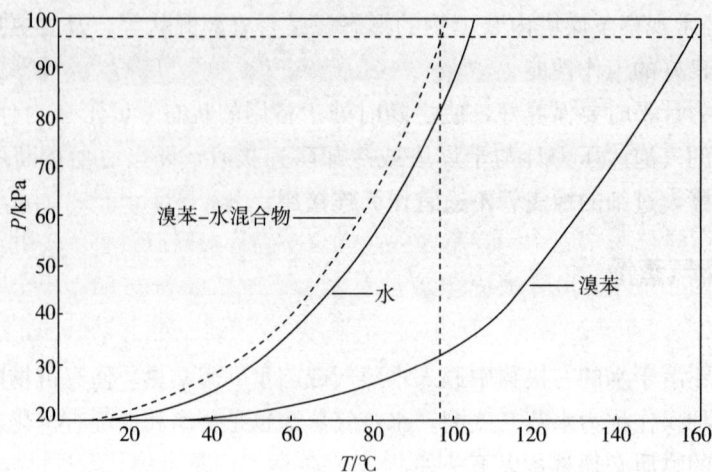

图 2-20　溴苯、水及其混合物的蒸气压-温度关系

以苯胺和水的混合物进行水蒸气蒸馏为例。苯胺沸点 184.4℃，混合物沸点 98.4℃，在 98.4℃时苯胺的蒸气压为 5.6kPa，水的蒸气压为 95.7kPa，两者蒸气压之和恰接近于大气压力，于是混合物开始沸腾，苯胺和水一起被蒸馏出来，馏出液中苯胺与水的质量比为：

$$\frac{W_{苯胺}}{W_{水}}=\frac{P_{苯胺}\times M_{苯胺}}{P_{水}\times M_{水}}=\frac{5.6\times 93}{95.7\times 18}=0.30$$

所以馏出液中苯胺含量为：0.30/（1+0.30）×100%＝23.1%

但实际上由于苯胺微溶于水，导致水的蒸气压降低，得到的比例比计算值要低。

2. 装置

图 2-21 是实验室常用的水蒸气蒸馏装置，包括水蒸气发生器、蒸馏容器、冷凝器和接收器四个部分。

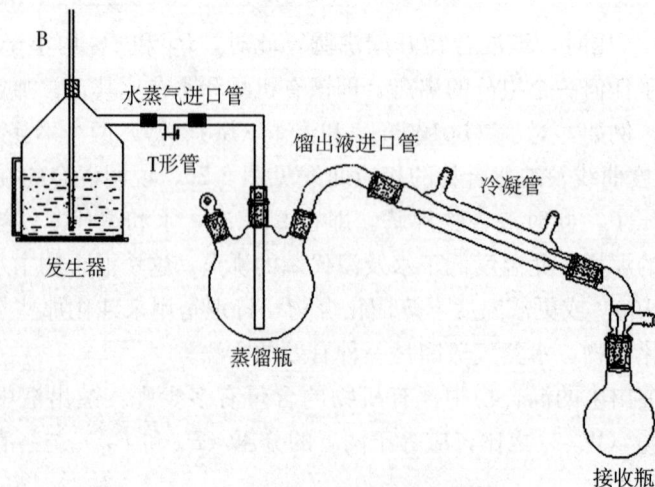

图 2-21　水蒸气蒸馏装置

水蒸气发生器一般用金属制成，也可以用短颈圆底烧瓶来代替。使用时在发生器内盛放约为容积 2/3 体积的水。发生器的上口通过塞子插入一根长玻璃管 B，作为安全管，安全管下端接近瓶底，根据水柱高低，可以观察内部蒸气压变化情况，如果蒸气导出不畅，安全管内的水柱会升高甚至冒出，可以及时进行调整。打开 T 形管上的止水夹，查找不畅原因。一般出现不畅的原因有两种：一种是蒸气在平放的导气管中冷凝，使气流不畅；只要打开止水夹，放掉冷凝的水，问题就可以得到解决。另一种是蒸馏物中有固体时，导气管末端被固体物质堵塞，引起气流不畅；解决的方法是打开止水夹，疏通导管。

水蒸气发生器的出气导管通过 T 形管与蒸馏烧瓶上的蒸气导入管相连。这段连接路程要尽可能短，以减少水蒸气的冷凝。T 形管的另一开口上套一段短橡皮管，用止水夹夹住。蒸气导入管的下端要插入待蒸馏混合物的液面下，尽量靠近烧瓶底部。

3. 操作

将待蒸馏物移入烧瓶，连好仪器，检查各接口处是否漏气。打开 T 形管上的止水夹，加热水蒸气发生器使水沸腾。当 T 形管的支管有蒸气蒸出时，夹紧止水夹，使蒸气通入蒸馏烧瓶，蒸馏开始。

当待蒸馏物的温度升高到一定程度时，开始沸腾，不久有机物和水的混合蒸气将被蒸出，经过冷凝管冷凝成乳浊液进入接收器。调节火焰，控制馏出速度为 2~3 滴/秒。如果 T 形管中充满了冷凝水，要及时打开 T 形管上的止水夹，把水放出去。如果蒸馏烧瓶中的冷凝水过多，可以在烧瓶底下用小火间接加热。

蒸馏过程中要注意安全管中水柱的情况，如果出现不正常的水柱上升，应该立即打开 T 形管上的止水夹，移去热源，排除故障后方可继续进行蒸馏。

当馏出液无明显油珠、澄清透明时，便可停止蒸馏。这时必须先旋开 T 形管上的止水夹，再移去热源，以免蒸馏烧瓶中的液体倒吸入蒸气导管乃至水蒸气发生器中。然后将馏出液转移至分液漏斗中，静置，待完全分层后，分离。

如果混合物只需少量水蒸气即可完全蒸出，也可采用另一种水蒸气蒸馏法。此方法是将水和有机化合物一起放在蒸馏瓶内，直接发生水蒸气。这一方法一般来说不适用于需要大量水蒸气的蒸馏，因为要大量水蒸气势必要在中途加水，或采用不相称的大烧瓶。

第四节　固体化合物的分离与提纯

一、过滤

过滤是在推动力或者其他外力作用下悬浮液（或含固体颗粒发热气体）中的液体（或气体）透过介质，固体颗粒及其他物质被过滤介质截留，从而使固体及其他物质与液体（或气体）分离的操作。

将固液分离的过滤操作是利用物质的溶解性差异，将液体和不溶于液体的固体分离开来的一种方法。如用过滤法除去粗食盐中少量的泥沙。

过滤的方法有两种，即常压过滤和减压过滤。

1. 常压过滤

实验仪器包括漏斗、烧杯、玻璃棒、铁架台（含铁圈）、滤纸。折叠滤纸向外突出的棱边，应紧贴于漏斗壁上。先用少量热的溶剂润湿滤纸，然后加溶液，再用表面皿盖好漏斗，以减少溶剂挥发。

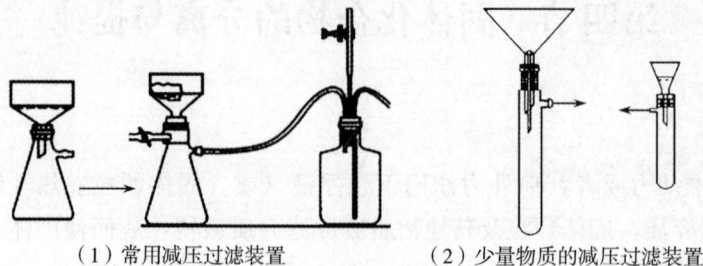

图 2-22　常压过滤装置

操作要领要做到"一贴、二低、三靠"。如图 2-22 所示。

一贴：指滤纸要紧贴漏斗壁，一般在将滤纸贴在漏斗壁时先用水润湿并挤出气泡，因为如果有气泡会影响过滤速度。

二低：一是滤纸的边缘要稍低于漏斗的边缘。二是在整个过滤过程中还要始终注意滤液的液面要低于滤纸的边缘。否则的话，被过滤的液体会从滤纸与漏斗之间的间隙流下，直接流到漏斗下边的接收器中，这样未经过滤的液体与滤液混在一起，而使滤液浑浊，没有达到过滤的目的。

三靠：一是待过滤的液体倒入漏斗中时，盛有待过滤液体的烧杯的烧杯嘴要靠在倾斜的玻璃棒上（玻璃棒引流，防止液体飞溅）；二是指玻璃棒下端要靠在三层滤纸一边（三层滤纸一边比一层滤纸那边厚，不易被弄破）；三是指漏斗的颈部要紧靠接收滤液的接收器的内壁。

注意事项：

（1）烧杯中的混合物在过滤前应用玻璃棒搅拌，然后进行过滤。

（2）过滤后若溶液还显浑浊，应再过滤一次，直到溶液变得透明为止。

（3）过滤器中的沉淀的洗涤方法：用烧瓶或滴管向过滤器中加蒸馏水，使水面盖没沉淀物，待溶液全部滤出后，重复 2～3 次。

2. 减压过滤（吸滤）

减压过滤也称真空过滤，其装置由布氏漏斗、抽滤瓶、安全瓶及水泵组成，如图 2-23 所示。减压过滤的最大优点是过滤速度快，结晶一般不易在漏斗中析出，操作亦较简便。其缺点是固体有时会穿过滤纸，漏斗孔内易析出结晶，堵塞其孔，滤下的有机溶剂，由于减压易被抽走。尽管如此，实验室还较普遍采用之。

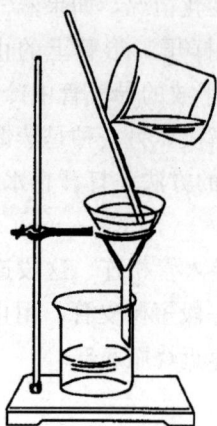

（1）常用减压过滤装置　　　　（2）少量物质的减压过滤装置

图 2-23　减压过滤装置

为了防止固体从滤纸边吸入抽滤瓶中，在溶液倾入漏斗前必须用同一溶剂将滤纸润湿后抽滤，使其紧贴于漏斗的底面。当溶剂为水或其他极性溶剂时，只要以同种溶剂将滤纸润湿，适当抽气，即可使滤纸贴紧；但在使用非极性溶剂时，滤纸往往不易贴紧，在这种情况下可用少量水先将滤纸润湿，抽气使贴紧后，再用溶样的溶剂洗去滤纸上的水分，然后倒入溶液抽滤。在抽滤过程中应保持漏斗中有较多的溶液，待全部溶液倒完后才抽干，否则，固体可能会在滤纸上结成紧密的饼块，阻碍液体透过滤纸。同时，压力亦不可抽得过低，以防溶剂沸腾抽走，或将滤纸抽破使固体漏下混入滤液中。

如果由于操作不慎而使固体进入滤液，则需重新过滤。

减压过滤应注意：滤纸不能大于布氏漏斗的底面，否则滤纸不能完全贴于漏斗的底面，使得固体从缝隙被吸入抽滤瓶中。

二、重结晶

重结晶是提纯固体化合物的常用方法。它是根据被提纯化合物于不同温度下在溶剂中的溶解度不同，以及该化合物及其所含的杂质在同一溶剂中溶解度不同而达到分离的目的。许多固态有机化合物的精制要靠重结晶来提纯。

1. 基本原理

利用被纯化物质与杂质在同一溶剂中溶解性能的差异，将其分离的操作称为重结晶。它是用适当的溶剂把含有杂质的晶体物质溶解，加热浓溶液，趁热滤去不溶性杂质，使滤液冷却析出结晶，滤集晶体并做干燥处理的联合操作过程。

一般固体有机物在溶剂中的溶解度受温度影响很大。温度升高，溶解度增大，反之则溶解度降低。如果将固体有机物制成热的饱和溶液，然后使其冷却，这时由于溶解度下降，原来热的饱和溶液就变成了冷的过饱和溶液，因而有晶体析出。就同一种溶剂而言，对于不同的固体化合物，其溶解性是不同的。重结晶操作就是利用不同物质在溶剂中的不同溶解度，或者经过滤将溶解性差的杂质滤除，或者让溶解性好的杂质在冷却结晶过程仍保留在母液中，从而达到分离纯化的目的。由此可见，选择合适的溶剂是重结晶操作中的关键。

2. 一般操作步骤

（1）被纯化的化合物，在已选好的溶剂中配制成沸腾或接近沸腾的饱和溶液。

（2）如溶液含有有色杂质，可加适量活性炭煮沸脱色，将此饱和溶液趁热过滤，以除去有色杂质及活性炭。

（3）将滤液冷却，使结晶析出。

（4）将结晶从母液中过滤分离出来。

（5）洗涤，干燥。

（6）测定熔点。

（7）回收溶剂，当溶剂蒸出后，残液中析出含有较多杂质的固体，根据情况重复上述操作，直到熔点不再改变。

必须注意，杂质含量过多对重结晶极为不利，影响结晶速率，有时甚至妨碍结晶的生成。重结晶一般只适用于杂质含量小于5%的固体有机物，杂质含量过多，提纯分离比较困难。所以在结晶之前应根据不同情况，分别采用其他方法进行初步提纯，如水蒸气蒸馏、减压蒸馏、萃取等，然后再进行重结晶处理。

3. 选择溶剂

在进行重结晶时，选择合适的溶剂是一个关键问题。根据"相似相溶"的原则，极性化合物一般易溶于水、醇、酮和酯等极性溶剂，而在非极性溶剂如苯、四氯化碳等中要难溶解得多。这种相似相溶虽是经验规律，但对实验工作有一定的指导作用。

(1) 溶剂必须具备的条件

①不与被提纯化合物起化学反应。

②在降低和升高温度下，被提纯化合物的溶解度应有显著差别。冷溶剂对被提纯化合物溶解度越小，回收率越高。

③杂质在次溶剂中溶解度很大或很小。溶剂对可能存在的杂质溶解度很大，可把杂质留在母液中，或对杂质溶解度很小，使其难溶于热溶剂中，趁热过滤以除去。

④能生成较好的结晶。

⑤溶剂沸点不宜太高，易挥发，易与结晶分离。

⑥价廉易得，无毒或毒性很小。

在具体重结晶操作过程中，按照重结晶对溶剂的要求，首先从文献查出重结晶有机化合物的溶解度数据或从被提纯物结构导出关于溶解性能的推论，做出选择溶剂的参考，最后溶剂的选定还要靠试验。

(2) 选择溶剂的试验方法

①单一溶剂的选择：取0.1g样品置于干净的小试管中，用滴管逐滴滴加某一溶剂，并不断振摇，当加入溶剂的量达1mL时，可在水浴上加热，观察溶解情况。若该物质(0.1g)在1mL冷的或温热的溶剂中很快全部溶解，说明溶解度太大，此溶剂不适用。如果该物质不溶于1mL沸腾的溶剂中，则可逐步添加溶剂，每次约0.5mL，加热至沸，若加溶剂量达4mL，而样品仍然不能全部溶解，说明溶剂对该物质的溶解度太小，必须寻找其他溶剂。若该物质能溶解于1~4mL沸腾的溶剂中，冷却后观察结晶析出情况，若没有结晶析出，可用玻璃棒擦刮管壁或者辅以冰-盐浴冷却，促使结晶析出。若晶体仍然不能析出，则此溶剂也不适用。若有结晶析出，还要注意结晶析出量的多少，并要测定熔点，以确定结晶的纯度。最后综合几种溶剂的实验数据，确定一种比较适宜的溶剂。这只是一般的方法，实际情况往往复杂得多，选择一个合适的溶剂需要进行多次反复的试验。常用的重结晶溶剂物理常数见表2-3。

表2-3　常用的重结晶溶剂物理常数

溶剂	沸点(℃)	相对密度	与水的混溶性	易燃性
水	100.0	1.00	+	-
甲醇	65.0	0.79	+	+
95%乙醇	78.1	0.80	+	++

溶剂	沸点（℃）	相对密度	与水的混溶性	易燃性
冰醋酸	117.9	1.05	+	+
丙酮	56.2	0.79	+	+++
乙醚	34.5	0.71	—	++++
石油醚	30.0~60.0	0.64	—	++++
乙酸乙酯	77.1	0.90	—	++
苯	80.1	0.88	—	++++
氯仿	61.7	1.48	—	—
四氯化碳	76.5	1.59	—	—

＊苯的毒性很大；同理，如果有其他溶剂可以代替，应尽量不使用各种氯代甲烷。

②混合溶剂的选择

a. 固定配比法。将良溶剂与不良溶剂按各种不同比例相混合，分别像单一溶剂那样试验，直至选到一种最佳的配比。

b. 随机配比法。先将样品溶于沸腾的良溶剂中，趁热过滤除去不溶性杂质，然后逐滴滴入热的不良溶剂并摇振之，直到浑浊不再消失为止。再加入少量良溶剂并加热使之溶解变清，放置冷却使结晶析出。如冷却后析出油状物，则需调整比例再进行试验或另换别的混合溶剂。

混合溶剂一般是由两种能以任何比例互溶的溶剂组成，其中一种对被提纯的化合物溶解度较大，而另一种溶解度较小。一般常用的混合溶剂有乙醇-水、丙酮-水、乙醚-甲醇、乙醚-石油醚、醋酸-水、吡啶-水、乙醚-丙酮、苯-石油醚。

4. 溶样

溶样亦称热溶或配制热溶液。溶样的装置因所用溶剂不同而不同，并且根据溶剂的沸点和易燃情况，选择适当的热浴方式加热。

当用有机溶剂进行重结晶时，使用回流装置。将样品置于圆底烧瓶或锥形瓶中，加入比需要量略少的溶剂，投入几粒沸石，开启冷凝水，开始加热并观察样品溶解情况。若未完全溶解可分次补加溶剂，每次加入后均需再加热使溶液沸腾，直至样品全部溶解。此时若溶液澄清透明，无不溶性杂质，即可撤去热源，室温放置，使晶体析出。

在以水为溶剂进行重结晶时，可以用烧杯溶样，在石棉网上加热，其他操作同前，只是需补加因蒸发而损失的水。如果所用溶剂是水与有机溶剂的混合溶剂，则按照有机溶剂处理。

在溶样过程中，要注意判断是否有不溶或难溶性杂质存在，以免误加过多溶剂。若难以判断，宁可先进行热过滤，然后将滤渣再以溶剂处理，并将两次滤液分别进行处理。在重结晶中，若要得到比较纯的产品和比较好的收率，必须注意溶剂的用量。减少溶解损失，应避免溶剂过量，但溶剂太少，又会给热过滤带来很多麻烦，可能造成更大损失，所以要全面衡量以确定溶剂的适当用量，一般比需要量多加 20% 左右的溶剂即可。

在溶解过程中，应避免被提纯的化合物成油珠状，这样往往混入杂质和少量溶剂，对纯化产品不利，并且还要尽量避免溶质的液化。具体方法是：

①选择沸点低于被提纯物熔点的溶剂。实在不能选择沸点较低的溶剂，则应在比熔点低的温度下进行溶解。

②适当加大溶剂的用量。如乙酰苯胺的熔点为 114℃，则可选择低沸点的水做溶剂，但乙酰苯胺在水中如果在 83℃ 以前没有完全溶解，就会呈熔化状态。这种情况将给纯化带来很多麻烦，对于这种情况就不宜把水加热至沸，而应在低于 83℃ 的情况下进行重结晶。估算溶剂用量时也只能把 83℃ 乙酰苯胺在水中的溶解度作为参考依据，就是说要适当增大水的用量。溶液稀一些当然会影响重结晶的回收率，结晶的速率也要慢一些，不过可以及时加入晶种和采取其他措施，必要时还可改用其他溶剂。

5. 脱色

向溶液中加入吸附剂并适当煮沸，使其吸附掉样品中的杂质的过程叫脱色。最常使用的脱色剂是活性炭。

粗制的有机物常含有色杂质，在重结晶时杂质虽可溶于有机溶剂，但仍有部分被结晶吸附。因此，当分离结晶时常会得到有色产物，有时在溶液中还存在少量树脂状物质或极细的不溶性杂质，经过滤仍出现混浊状，用简单的过滤方法不能除去。如用其煮沸 5～10 分钟，其可吸附色素及树脂状物质（如待结晶化合物本身有色则活性炭不能脱色）。使用活性炭应注意以下几点：

（1）加活性炭以前，首先将待结晶化合物加热溶解在溶剂中。

（2）待热溶液稍冷后，加入活性炭，振摇，使其均匀分布在溶液中。活性炭绝对不可加到正在沸腾的溶液中，否则会暴沸，溶液易冲出来。

（3）加入活性炭的量，视杂质多少而定，一般为粗品质量的 1%～5%。加入量过多，活性炭将吸附一部分纯产品；过少则达不到理想的脱色效果。如仍不能脱色，可重复上述操作。过滤时选用的滤纸要紧密，以免活性炭透过滤纸进入溶液中，如发现透过滤纸，应加热微沸后重新过滤。但最好能一次脱色成功，以减少操作上的损失。

（4）活性炭在水溶液中进行脱色效果最好，也可在其他溶剂中使用，但在烃类等非极性溶剂中效果较差。

除活性炭脱色外，也可采用硅藻土或层析柱来脱色，如氧化铝吸附色谱等。

6. 热滤

热滤即趁热过滤以除去不溶性杂质、脱色剂及吸附于脱色剂上的其他杂质。热滤的方法有两种，即常压过滤和减压过滤。

（1）常压过滤　选一短颈而粗的玻璃漏斗放在烘箱中预热，过滤时趁热取出使用。在漏斗中放一折叠滤纸，又称扇形滤纸或菊花滤纸。如过滤的溶液量较多，则应用热水保温漏斗，如图 2-24 所示。将它固定安装妥

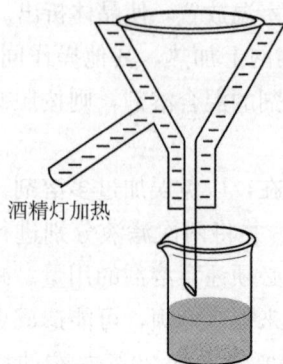

酒精灯加热

图 2-24　常压热过滤装置

当后，过滤前预先将夹套内的水烧热。若操作顺利，只有少量结晶析出在滤纸上，可用少量热溶剂洗下；若结晶较多，用刮刀刮回原来的瓶中，再加适量溶剂溶解，过滤。滤毕后，将滤液静置冷却。特别注意的是，在使用有机溶剂重结晶热过滤时，周围不能有火源，应事先做好准备，操作应迅速。

扇形滤纸的折叠方法：按图 2-25 将圆形滤纸对折、再对折，然后将 2 与 3 对折成 4，1 与 3 对折成 5，如图①。2 与 5 对折成 6，1 与 4 对折成 7，如图②。2 与 4 对折成 8，1 与 5 对折成 9，如图③，形成 8 个小平面。折好的滤纸边全部向外，角全部向里，如图④。再将滤纸反方向折叠，即把每一个小平面从当中向下按，形成对折，叠出折扇的形状，如图⑤。打开滤纸，如图⑥，将 1 和 2 两个对称的小平面按上述方法对折，可以得到一个完好的折叠滤纸，如图⑦。调整好滤纸放在漏斗中。在折叠过程中应该注意：所有折叠方向要一致，滤纸中央圆心部位不要用力折，以免破裂。

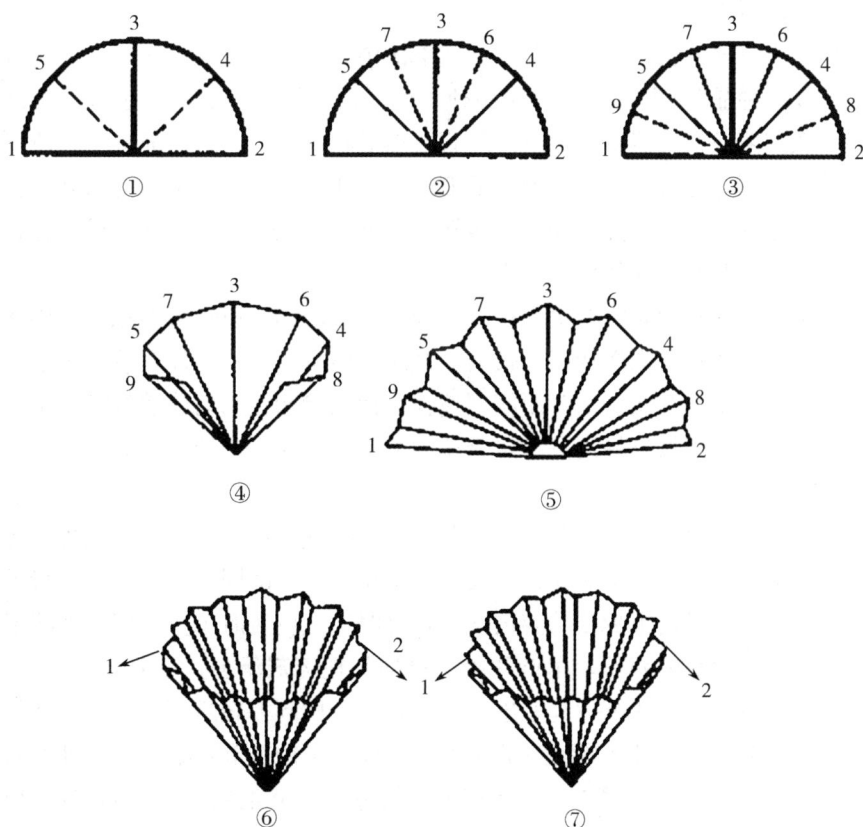

图 2-25 扇形滤纸的折叠方法

（2）减压过滤（吸滤） 在用减压过滤做热过滤操作时，滤下的热溶液由于减压，溶剂易沸腾而被抽走。在过滤前应将布氏漏斗放入烘箱（或用电吹风）预热；如果以水为溶剂，也可将布氏漏斗置于沸水中预热。

为了防止活性炭等固体从滤纸边吸入抽滤瓶中，在溶液倾入漏斗前必须用同一热溶剂将滤纸润湿后抽滤，使其紧贴于漏斗的底面。如果由于操作不慎而使活性炭透过滤纸进入滤液，则最后得到的晶体会呈灰色，这时需重新热溶过滤。

7. 冷却结晶

将热滤液冷却，溶解度减小，溶质即可部分析出。此步的关键是控制冷却速度，使溶质真正成为晶体析出并长到适当大小，而不是以油状物或沉淀的形式析出。

一般说来，若将热滤液迅速冷却或在冷却下剧烈搅拌，所析出的结晶颗粒很小，小晶体包裹杂质少。因表面积较大，吸附在表面上的杂质较多，若将热滤液在室温或保温静置让其慢慢冷却，结果析出的晶体较大，往往有母液或杂质包在结晶体之间。

杂质的存在将影响化合物晶核的形成和结晶体的生长，虽已达到饱和状态也不析出结晶体。为了促进化合物结晶体析出。通常采取一些必要的措施，帮助其形成晶核，以利结晶体的生长。其方法如下所述。

（1）用玻璃棒摩擦瓶壁，以形成的粗糙面或玻璃碎屑作为晶核，使溶质分子呈定向排列，促使晶体析出。

（2）加入少量该溶质的晶体于此过饱和溶液中，结晶体往往很快析出，这种操作称为"接种"或"种晶"。实验室如无此晶种，也可自己制备。取数滴过饱和溶液于一试管中旋转，使该溶液在容器壁表面呈一薄膜，然后将此容器放入冷冻液中，所形成结晶作为"晶种"之用。也可取一滴过饱和溶液于表面皿上，溶剂蒸发而得到晶种。

（3）冷冻过饱和溶液。温度降低，溶解度降低，有利于结晶体的形成。将过饱和溶液放置冰箱内较长时间，促使结晶体析出。

有时被纯化物质呈油状物析出，长时间静置足够冷却，虽也可固化，但固体中杂质较多。用溶剂大量稀释，则产物损失较大。这时可将析出油状物加热重新溶解，然后慢慢冷却。当发现油状物开始析出时便剧烈搅拌，使油状物在均匀分散的条件下固化，如此包含的母液较少。当然最好还是另选合适的溶剂，以便得到纯的结晶产品。

8. 滤集晶体

析出的结晶体与母液分离，常用布氏漏斗进行抽气过滤。为了更好地将晶体与母液分开，最好用清洁的玻璃塞将晶体在布氏漏斗上挤压，并随同抽气尽量除去母液；结晶体表面残留的母液，可用很少量的溶剂洗涤，这时抽气应暂时停止，用玻璃棒或不锈钢刮刀将晶体挑松，使晶体润湿，稍待片刻，再抽气把溶剂滤去，重复操作1～2次。从漏斗上取出晶体时，常与滤纸一起取出，待干燥后，用刮刀轻敲滤纸，注意勿使滤纸纤维附于晶体上，晶体即全部下来。过滤少量的晶体，可用玻璃钉漏斗，以抽滤管代替抽滤瓶，玻璃钉漏斗上铺的滤纸应较玻璃钉的直径稍大，滤纸用溶剂先润湿后进行抽滤，用玻璃棒或刮刀挤压使滤纸的边沿紧贴于漏斗上。

9. 晶体的干燥

为了保证产品的纯度，需要将晶体进行干燥，把溶剂彻底去除。当使用的溶剂沸点比较低时，可在室温下使溶剂自然挥发达到干燥的目的。当使用的溶剂沸点比较高（如水）而产品又不易分解和升华时，可用红外灯烘干。当产品易吸水或吸水后易发生分解时，应用真空干燥器进行干燥。

10. 母液与洗液的处理

母液与洗液中溶解的产品数量不应忽视，可将溶液浓缩后放置冷却，析出的晶体纯度不如第一次高，应按前述办法再结晶一次。

如果母液与洗液中含有较大量的有机溶剂，一定要先减压蒸馏以回收溶剂，以免浪费。

三、升华

升华是固体化合物提纯的又一种手段。由于不是所有固体都具有升华性质，因此，它只适用于以下情况：①被提纯的固体化合物具有较高的蒸气压，在低于熔点时，就可以产生足够的蒸气，使固体不经过熔融状态直接变为气体，从而达到分离的目的。②固体化合物中杂质的蒸气压较低，有利于分离。

升华的操作比重结晶要简便，纯化后产品的纯度较高。但是产品损失较大，时间较长，不适合大量产品的提纯。

1. 基本原理

升华是利用固体混合物的蒸气压或挥发度不同，将不纯净的固体化合物在熔点温度以下加热，利用产物蒸气压高，杂质蒸气压低的特点，使产物不经液体过程而直接气化，遇冷后固化，而杂质则不发生这个过程，达到分离固体混合物的目的。

一般来说，具有对称结构的非极性化合物，其电子云密度分布比较均匀，偶极矩较小，晶体内部静电引力小，因此，这种固体都具有蒸气压高的性质。为进一步说明问题，观察图 2-26 所示某物质的三相平衡图。图中的三条曲线将图分为三个区域，每个区域代表物质的一相。由曲线上的点可读出两相平衡时的蒸气压。例如，GS 表示固相与气相平衡时固相的蒸气压曲线；SY 表示液相与气相平衡时液相的蒸气压曲线；SV 则是固相与液相的平衡曲线。S 为三条曲线的交点，也是物质的三相平衡点，在此状态下物质的气、液、固三相共存。由于不同物质

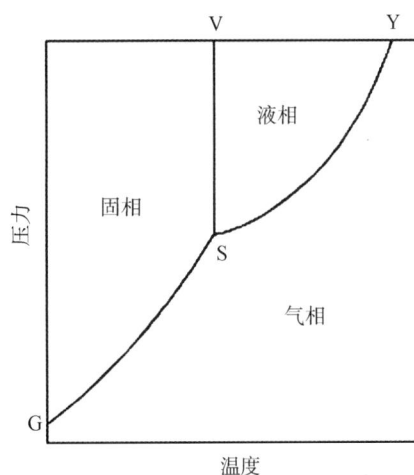

图 2-26　相平衡图

具有不同的液态与固态处于平衡时的温度与压力，因此，不同的化合物三相点是不相同的。从图中可以看出，在三相点以下，物质处于气、固两相的状态，因此，升华都在三相点温度以下进行，即在固体的熔点以下进行。固体的熔点可以近似地看作是物质的三相点。

与液体化合物的沸点相似，当固体化合物的蒸气压与外界所施加给固体化合物表面的压力相等时，该固体化合物开始升华，此时的温度为该固体化合物的升华点。在常压下不易升华的物质，可利用减压进行升华。

2. 升华操作

图 2-27　常压升华装置

常用的常压升华装置如图 2-27 所示。将被升华的固体化合物烘干，放入蒸发皿中，铺匀。取一大小合适的锥形漏斗，将颈口处用少量棉花堵住，以免蒸气外逸，造成产品损失。选一张略大于漏斗底口的滤纸，在滤纸上扎一些小孔后盖在蒸发皿上，用漏斗盖住。将蒸发皿放在砂浴上，用电炉或煤气灯加热，在加热过程中应注意控制温度在熔点以下，慢慢升华。当蒸气开始通过滤纸上升至漏斗中时，可以看到滤纸和漏斗壁上有晶体出现。如晶体不能及时析出，可在漏斗外面用湿布冷却。

3. 注意事项

（1）升华温度一定要控制在固体化合物熔点以下。当升华开始时，细心调节火焰，让其慢慢升华。

（2）被升华的固体化合物一定要干燥，如有溶剂将会影响升华后固体的凝结。

（3）滤纸上的孔应尽量大一些，以便蒸气上升时顺利通过滤纸，在滤纸的上面和漏斗中结晶，否则将会影响晶体的析出。

（4）可在石棉网上铺一层厚约 1cm 的细砂代替砂浴。

第三章　基本有机实验技术 ▷▷▷▷

实验一　熔点的测定

【实验目的】

1. 了解熔点测定的意义。

2. 掌握用提勒管和数显式熔点仪测定熔点的基本操作。

【实验原理】

熔点是固体有机化合物固液两态在大气压力下达成平衡的温度。纯净的固体有机化合物一般都有固定的熔点，固液两态之间的变化是非常敏锐的，自初熔至全熔（称为熔程）温度不超过 0.5℃～1℃。如该化合物含有杂质，其熔点往往偏低，且熔程也较长。所以根据熔程长短可判别固体化合物的纯度。

加热纯有机化合物，当温度接近其熔点范围时，升温速度随时间变化约为恒定值，此时用加热时间对温度作图（图 3-1）。

化合物温度不到熔点时以固相存在，加热使温度上升，达到熔点时，开始有少量液体出现，此后，固液两相平衡。继续加热，温度不再变化，此时加热所提供的热量使固相不断转变为液相，两相间仍为平衡，最后的固体熔化后，继续加热则温度线性上升。因此在接近熔点时，加热速度一定要慢，每分钟温度升高不能超过 2℃，只有这样，才能使整个熔化过程尽可能接近于两相平衡条件，测得的熔点也越精确。

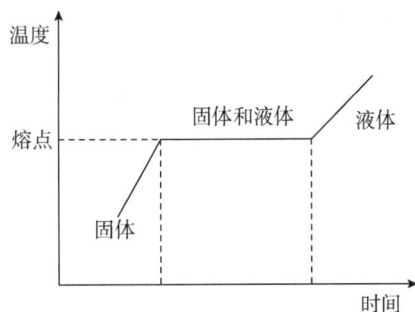

图 3-1　相随时间和温度的变化图

【实验器材】

1. 实验仪器

提勒管，铁架台，万能夹，双顶丝，温度计，切口橡皮塞，酒精灯，小胶圈，熔点毛细管，表面皿，长玻璃管，显微熔点测定仪。

2. 实验试剂

萘，苯甲酸，液体石蜡（作为导热油）。

【实验步骤】

1. 样品的填装

取约 0.1g 干燥样品，放入洁净干燥的表面皿中，用玻璃棒研细。将熔点管开口端向粉末堆中插入几次，使样品挤入管中。再把开口端向上，轻轻在桌面上敲击，使粉末落入管底。然后取一根长约 40cm 的玻璃管，垂直竖立于桌面上，将熔点管开口端向上，由玻璃管上端投入，使其自由落下。重复掷投，直到毛细管中样品高度为 2～3mm，充填紧密结实为止。沾于管外的粉末须拭去，以免玷污加热浴液。

2. 安装仪器

将提勒管固定在铁架台上，高度以酒精灯火焰可对侧管处加热为准。在提勒管中装入液体石蜡，液面与上侧管平齐。将附有熔点管的温度计安装在提勒管中两侧管之间。

3. 熔点测定

用酒精灯在侧管底部加热，开始时升温速度可以较快，到距离熔点 10℃～15℃时，调整火焰使每分钟上升 1℃～2℃。愈接近熔点，升温速度应越慢。注意观察熔点管中样品的变化，记下样品开始塌落并有液相产生时和固体完全消失时的温度计读数，即为该化合物的熔程。样品全溶后，撤离并熄灭酒精灯。待温度下降 30℃ 以下后，取出温度计，将熔点管弃去，换上另一支盛有样品的熔点管，重复测定一次。

【实验预期结果及分析】

将实验数据进行处理，结果填入下表中。

编号	苯甲酸			萘		
	初熔（℃）	终熔（℃）	熔距（℃）	初熔（℃）	终熔（℃）	熔距（℃）
1（粗）						
2（细）						
平均值						

【要点提示及注意事项】

1. 样品一定要研细，且装样要实。否则产生空隙，不易传热，造成熔程变大。

2. 样品量太少不便观察，而且熔点偏低；太多会造成熔程变大，熔点偏高。

3. 毛细管插入仪器前应先用软布将外面沾污的物质清除，以免把浴液弄脏。

4. 升温速度应慢，让热传导有充分的时间。

5. 固定熔点管的橡胶圈不可浸没在浴液中，以免被浴液溶胀而使熔点管脱落。

6. 测试结束后，温度计不宜马上用冷水冲洗，浴液应冷却至室温后方可倒回试剂瓶中。

7. 测定两种以上样品时，先测低熔点后测高熔点物质。

8. 每一次测定都必须使用新的熔点管新装样品，不能使用已测过熔点的样品管。

【思考题】

1. 如果测得某一未知物的熔点与某已知物的熔点相同，能否确认它们为同一化合物？为什么？

2. 是否可以使用第一次测过熔点时已经熔化的有机化合物再作第二次测定呢？为什么？

3. 测熔点时，若有下列情况将产生什么结果？①熔点管壁太厚。②熔点管底部未完全封闭，尚有一针孔。③熔点管不洁净。④样品未完全干燥或含有杂质。⑤样品研得不细或装得不紧密。⑥加热太快。

实验二　沸点的测定

【实验目的】

1. 了解沸点测定的意义。

2. 掌握微量法测定沸点的原理和方法。

【实验原理】

当化合物受热时，其蒸气压升高，当蒸气压达到与外界压力（通常为 1 个大气压，0.1MPa，760mmHg）相等时，液体开始沸腾，此时的温度就是该物质的沸点。由于物质的沸点与外界大气压有关，因此，在讨论或报道一个化合物的沸点时，一定要注明测定时的外界大气压，如果没注明，就是默认的一个大气压。纯液态有机化合物在蒸馏过程中沸点范围很小（0.5℃～1℃），常用微量法（毛细管法）和常量法（蒸馏法）来测量。当用毛细管法测定时，先加热到内管有连续气泡快速逸出后，停止加热，使温度自行下降，气泡逸出速度逐渐减慢，当最后一个气泡刚要缩进内管而还没有缩进，即与内管管口平行时，这时待测液体的蒸气压就正好等于外界大气压，这时的温度就是待测液体的沸点。

【实验器材】

1. 实验仪器

提勒管，铁架台，万能夹，双顶丝，切口橡皮塞，温度计，酒精灯，小胶圈，沸点管内管（毛细管），沸点管外管。

2. 实验试剂

乙醇，未知品。

【实验步骤】

1. 仪器安装

取一根内径 5mm、长 8～9cm、一端封口的毛细管作为沸点管外管，放入欲测样品 3～5 滴，在此管中放入一根长 5～6cm、内径约 1mm 的上端封口的毛细管，即开口处浸入样品中。将沸点管外管贴于温度计水银球旁（使待测液与温度计水银球平齐），用小橡皮圈固定。把温度计放入提勒管中，放入的位置与测定熔点装置相同。

2. 沸点测定

将热浴慢慢加热，使温度均匀上升，由于气体膨胀，内管中有断断续续的小气泡冒出来，到达样品沸点时，将出现一连串的小气泡，此时应停止加热，使浴温下降。随着浴温下降，小气泡逸出速度也渐渐减慢。此时应注意观察，记下最后一个气泡出现而刚欲缩回内管的瞬间（即表示毛细管内液体的蒸气压与大气压平衡）的温度计读数，此读数就是该液体化合物的沸点。

3. 重复测沸点

重复步骤1和2。

【实验预期结果及分析】

将实验数据进行处理，结果填入下表中。

编号	乙醇			未知样		
	1	2	3	1	2	3
沸点（℃）						
平均值						

【要点提示及注意事项】

1. 加热不能过快，被测液体不宜太少，以防液体全部汽化。

2. 沸点内管里的空气要尽量赶干净。正式测定前，让沸点内管里有大量气泡冒出，以此带出空气。

3. 观察要仔细及时。酒精灯控制好，防止液体被蒸干。

4. 沸点管外管内不要浸入浴液。

【思考题】

1. 为什么当最后一个气泡刚要缩进内管而还没有缩进内管时的温度就是其沸点？

2. 如果加热过猛，测定出来的沸点会不会偏高？为什么？

3. 样品高度过高时测出的沸点会如何变化？

实验三　常压蒸馏

【实验目的】

1. 掌握简单蒸馏的原理和方法。

2. 熟悉溶剂的精制和回收。

3. 了解简单蒸馏在液体有机物分离、纯化中的应用。

【实验原理】

蒸馏是将液体有机物加热到沸腾状态，使液体变成蒸汽，又将蒸汽冷凝为液体的过程。纯物质沸腾时的温度称为沸点。

纯净的液体化合物都有固定的沸点，若组成混合液的两组分沸点相差30℃以上时，通过简单蒸馏就可将这两种或两种以上挥发性不同的液体分离开来。

蒸馏的用途：①可以测定液体化合物的沸点，鉴别其纯度。②把沸点相差较大（30℃以上）的液体混合物分离。③提纯，除去不挥发杂质。④回收溶剂，或蒸出部分溶剂以浓缩溶液。

不宜用常压蒸馏的物质：①高沸点物；②沸点之前易分解之物。

但是具有固定沸点的液体不一定都是纯净的化合物，因为某些有机化合物常和其他组分形成二元或三元共沸混合物，它们也有一定的沸点。

【实验器材】

1. 实验仪器

水浴锅，铁架台，万能夹，双顶丝，乳胶管，圆底烧瓶，直型蒸馏头，温度计，直型冷凝管，尾接管，锥形瓶，量筒。

2. 实验试剂

工业乙醇。

【实验步骤】

1. 安装蒸馏装置

取 100mL 圆底烧瓶，按从下往上，从左往右的顺序安装蒸馏装置。

2. 加料

将 50mL 乙醇小心倒入圆底烧瓶中，加入 2 粒沸石。

3. 加热

通入冷凝水，用水浴加热，观察蒸馏瓶中现象和温度计读数变化。当瓶内液体沸腾时，蒸气上升，待到达温度计水银球时，温度计读数急剧上升。调节热源，使蒸馏速度以每秒 1～2 滴为宜。

4. 收集馏液

准备两个接收瓶，一个接收前馏分或称馏头，另一个接收所需馏分，并记下该馏分的沸程（即该馏分的第一滴和最后一滴时温度计的读数）。注意：不要蒸干，以免蒸馏烧瓶破裂及发生其他意外事故。

5. 拆除蒸馏装置

蒸馏完毕，先应撤出热源，然后停止通水，最后拆除蒸馏装置（与安装顺序相反）。

【实验预期结果及分析】

将实验数据进行处理，结果填入下表中。

名称	乙醇
沸程（℃）	

【要点提示及注意事项】

1. 玻璃仪器要轻拿轻放。
2. 注意温度计水银球安装位置。
3. 记住蒸馏前加沸石。
4. 不要蒸干！以防炸裂。
5. 任何蒸馏或回流装置均不能密封。

6．仪器安装顺序先下后上，先左后右。

7．铁架台放水浴锅后边。

【思考题】

1．什么叫沸点？液体的沸点和大气压强有什么关系？文献上记载的沸点是否为你在当地实测的沸点温度？

2．为什么蒸馏瓶内的液体要在蒸馏瓶体积的 1/3～2/3 之间？

3．沸石的作用是什么？如果忘记加入沸石，能否在液体已经沸腾时直接加入沸石？当重新蒸馏时，用过的沸石能否重新使用？

4．为什么蒸馏时液体的滴出速度控制在 1～2 滴/秒为宜？

5．如果液体具有恒定的沸点，能否认为它是单一物质？

6．解释温度计水银球的位置在出口处以上或以下对温度计读数有什么影响？

实验四　减压蒸馏

【实验目的】

1．学习减压蒸馏的原理和基本操作。

2．认识减压蒸馏的主要仪器设备。

3．掌握高沸点或易分解液体的回收技术。

【实验原理】

液体的沸点是指它的饱和蒸气压等于外界大气压时的温度，所以液体沸腾的温度是随外在压力的降低而降低的。用真空泵连接盛有液体的容器，使液体表面上的压力降低，即可降低液体的沸点。这种在较低压力下进行蒸馏的操作称为减压蒸馏，减压蒸馏时物质的沸点与压力有关。

减压蒸馏是分离、提纯有机物的重要方法之一。当压力降低到 1.3～2.0kPa（10～15mmHg）时，许多有机化合物的沸点可以比其常压下的沸点降低 80℃～100℃。因此，减压蒸馏特别适用于沸点较高及在常压下蒸馏时易分解、氧化和聚合的物质。有时在蒸馏、回收大量溶剂时，为提高蒸馏速度也考虑采用减压蒸馏的方法。

【实验器材】

1. 实验仪器

真空泵，水浴锅，梨形烧瓶，铁架台，万能夹，双顶丝，乳胶管，克氏蒸馏头，温度计，直型冷凝管，三叉接引管，茄形瓶，量筒，毛细管（带螺旋夹），安全瓶。

2. 实验试剂

水。

【实验步骤】

1. 安装减压蒸馏装置仪器

磨口接头处涂抹少量真空脂或凡士林，以保证装置密封和润滑。

2. 检查气密性

旋紧毛细管上的螺旋夹，打开安全瓶上的二通活塞，然后开泵抽气；慢慢关闭二通活塞，从压力计上观察是否达到所需的真空度。无变化说明不漏气，然后慢慢旋开安全瓶上的活塞，放入空气直到内外压力相等为止。

3. 减压蒸馏

加入 50mL 水，安上毛细管，开启真空泵，再关上安全瓶活塞，调整真空度至所要求的数字。调节毛细管上的螺旋夹使其平稳进气，能冒出一连串小气泡为宜。待压力稳定后，开始加热进行减压蒸馏，控制馏出速度，以每秒 1 滴为宜。记录压力和相应的沸点值。

4. 结束蒸馏

蒸馏完毕，打开毛细管上的螺旋夹，待稍冷却后，慢慢地打开安全瓶上的放空阀，使压力表恢复到零，再关泵。否则由于系统中压力低，会发生水倒吸回安全瓶的现象。

【实验预期结果及分析】

系统压力＝760－真空度（mmg）（表压）

＝0.101325－真空度（MPa）

将实验数据进行处理，结果填入下表中。

名称	真空泵表压力（MPa）	蒸馏系统压力（MPa）	蒸馏温度（℃）
减压蒸馏			
普通蒸馏			

【要点提示及注意事项】

1. 被蒸馏液体中若含有低沸点物质时，通常先进行普通蒸馏，再进行水泵减压蒸馏，而油泵减压蒸馏应在水泵减压蒸馏后进行。

2. 减压蒸馏装置必须严密不漏气。

3. 液体样品不得超过容器的 1/2。

4. 先恒定真空度再加热。

5. 开泵与关泵前，安全瓶活塞一定要通大气。

6. 沸点低于 150℃的液体不能用油泵减压。

【思考题】

1. 何谓减压蒸馏？适用于什么体系？

2. 减压蒸馏装置主要由哪几部分组成？

3. 如何检查装置的气密性？

4. 在进行减压蒸馏时，为什么必须用热浴加热，而不能直接用火加热？为什么进行减压蒸馏时须先抽真空后加热？

5. 减压蒸馏中毛细管的作用是什么？能否用沸石代替毛细管？

6. 当减压蒸完所要的化合物后，应如何停止减压蒸馏？为什么？

实验五 萃 取

【实验目的】

1. 了解和掌握液-液萃取的原理和方法。
2. 掌握萃取的基本操作。
3. 了解萃取溶剂选择的原则与方法。

【实验原理】

利用物质在不同溶剂中溶解度不同，用一种溶剂把溶质从另一溶剂组成的溶液中提取出来。再利用分液的方法，实现组分分离。

萃取溶剂的要求：

1. 萃取剂与原溶剂不互溶。
2. 萃取剂与原溶质、溶剂均不发生化学反应。
3. 被萃取物质在萃取剂中的溶解度比在原溶剂中的溶解度大得多。
4. 沸点较低、易于挥发、毒性小。

【实验器材】

1. 实验仪器

分液漏斗，带塞锥形瓶，循环水泵，抽滤瓶，布氏漏斗，定性滤纸，铁环，铁架台，玻璃棒。

2. 实验试剂

绿叶菜，乙酸乙酯，饱和氯化钠水溶液，无水硫酸钠。

【实验步骤】

1. 取 2 片绿叶菜洗净。
2. 只摘取绿色的菜叶部分，用手轻微挤捏，出现绿汁，挤出即可。
3. 用 50~60mL 水分次将碎后的菜叶洗出，洗出液合并于烧杯中。
4. 减压抽滤，收集滤液。
5. 将滤液转入 125mL 分液漏斗中，加入 15mL 乙酸乙酯并振摇、放气，此振摇放气过程操作 3~5 次。
6. 充分摇荡后，静置分层（所需要时间不等，至少 10 分钟）。如出现乳化可采取：①较长时间静置；②轻轻地旋摇漏斗，加速分层；③加入 2mL 饱和 NaCl 溶液。
7. 通过旋塞放出下层液体（水溶液）于锥形瓶（或烧杯）中，分液漏斗内存留为绿色溶液。
8. 将上层乙酸乙酯从上口倒入锥形瓶中。再取 15mL 乙酸乙酯，重复步骤 5~8。
9. 合并两次萃取液，加入适量无水硫酸钠干燥 10~20 分钟。
10. 干燥结束后，减压抽滤，收集滤液，倒入指定容器中。

【实验预期结果及分析】

记录每一步实验现象，如是否出现乳化现象，如果出现乳化现象，如何破除乳化？

静置分层后，需要收集的是上层还是下层，为什么？

【要点提示及注意事项】

1. 液体总量不超过分液漏斗体积的 2/3，使液体充分接触。
2. 注意气密性，下端旋塞需涂润滑脂；使用时旋塞要关好。
3. 菜叶不要碾的过细，否则会有很多黏液。
4. 萃取过程中，漏斗下面始终放一个烧杯。
5. 振摇时，下端旋塞应经常打开放气。
6. 下层始终在下口放出，上层始终在上层放出。
7. 放液时一定要打开上面的塞子。
8. 实验结束前，请勿轻易倒掉任何一层液体。

【思考题】

1. 分液漏斗在使用前应如何处理及检查？
2. 进行萃取操作时分液漏斗的正确握法是怎样的？
3. 萃取振摇时应从什么地方放气？放气的目的是什么？不放气会导致怎样的后果？

实验六　重结晶

【实验目的】

1. 学习重结晶法纯化有机化合物的原理和方法。
2. 进一步掌握固体有机物的精制方法。
3. 掌握抽滤和热过滤的方法。

【实验原理】

固体有机物在溶剂中的溶解度一般随温度的升高而增大。把固体有机物溶解在热的溶剂中使之饱和，冷却时由于溶解度降低，有机物又重新析出晶体。利用溶剂对被提纯物质及杂质的溶解度不同，使被提纯物质从过饱和溶液中析出，让杂质全部或大部分留在溶液中，从而达到提纯的目的。注意重结晶只适宜杂质含量在 5% 以下的固体有机混合物的提纯。从反应粗产物直接重结晶是不适宜的，必须先采取其他方法初步提纯，然后再重结晶提纯。

重结晶的一般步骤：选择溶剂→溶解固体→除去杂质→晶体析出→晶体的收集与洗涤→晶体的干燥。

1. 选择溶剂（这一步在重结晶过程中非常重要，为关键之举）。选择溶剂的一般要求如下。

（1）不与被提纯物质起化学反应。

（2）被提纯物质在溶剂中的溶解度随温度变化大，杂质在热溶剂中不溶，趁热过滤除去杂质，溶质在冷的溶剂中结晶，达到分离。

（3）杂质在热溶剂中不溶或难溶，在冷溶剂中易溶。

（4）能得到较好的晶体。

（5）溶剂沸点不宜太高，容易挥发，易与结晶分离。

（6）从经济角度考虑，低毒，价廉，易回收，易提纯。

常被选用的溶剂有水、甲醇、乙醇、丙酮、苯、乙醚、氯仿、石油醚、醋酸、醋酸乙酯等。另外，选择溶剂遵循"相似相溶"的原理，可以通过实验来确定。

2. 固体溶解：要注意溶剂所加体积。

3. 杂质除去：热过滤速度要快。

4. 晶体析出。

5. 晶体收集和洗涤。

6. 晶体干燥。

【实验器材】

1. 实验仪器

电子天平，布氏漏斗，抽滤瓶，定性滤纸，玻璃棒，烧杯，表面皿，水浴锅，循环水真空泵，酒精灯。

2. 实验试剂

苯甲酸粗品，活性炭。

【实验步骤】

1. 制热饱和溶液

称量 1g 苯甲酸粗品放在 100mL 烧杯中，溶于适量水（＜40mL，先加入 25mL，再慢慢加），加 2 粒沸石，在石棉网上加热搅拌至全溶；若仍有不溶物，每次加热水 1～2mL，直至全部溶解（杂质除外），制成热饱和溶液。与此同时，将布氏漏斗和抽滤瓶放入水浴锅预热（布氏漏斗放在一个大烧杯中，不能直接置于水浴锅中）。

2. 脱色

冷却一会儿，加入少量活性炭（一般为固体的 1％～5％），继续搅拌加热沸腾约 3 分钟。

3. 热过滤

在布氏漏斗中放入圆形滤纸，迅速安装好抽滤装置，开泵抽气使滤纸紧贴漏斗底。将热溶液倒入漏斗中，每次倒入漏斗的液体不要太满，也不要等溶液全部滤完再加。在热过滤过程中，应保持溶液的温度，待所有的溶液过滤完毕后，用少量热水（1～2mL）洗涤滤渣、滤纸各一次。

4. 结晶

热过滤后，将滤液趁热转移至另一烧杯中，自然冷却析出结晶（此时最好不要在冷水中快速冷却，因为快速冷却虽然会加快结晶速度，但会使析出的产品包夹杂质，影响纯度）。如果不析出结晶，可用玻璃棒摩擦瓶壁或利用晶种引发结晶。若只有油状物无结晶，须重新加热，待澄清后再结晶。

5. 抽滤、干燥

结晶完成后，室温下用布氏漏斗抽滤，少量冷水洗涤。最后将结晶转移到表面皿上，干燥，得最终产品。

【实验预期结果及分析】

苯甲酸： 克

状态：

【要点提示及注意事项】

1. 不能在沸腾的溶液中加入活性炭（因为活性炭是多孔性物质），否则会引起暴沸，使溶液冲出容器造成产品损失。

2. 热过滤时，保持滤液温度，用热溶剂洗涤。室温过滤时，用冷溶剂洗涤。

3. 过滤时，滤液不要加得太满；也不要等溶液全部滤完再加，防止滤纸被抽破，也防止滤纸抽干后边缘有空隙。

4. 热过滤要迅速，过滤之前用热溶剂将滤纸润湿。

5. 抽滤后要先拔抽气管，后关泵，防止倒吸。

【思考题】

1. 简述重结晶的主要步骤及各步的主要目的。

2. 活性炭为何要在固体物质完全溶解后加入？为什么不能在溶液沸腾时加入？活性炭用多了有什么不好？

3. 对有机化合物进行重结晶时，最适宜的溶剂应具备哪些条件？

4. 辅助析晶的措施有哪些？

5. 使用活性炭应注意哪些问题？

第四章 基本有机化合物的制备实验 ▷▷▷▷

实验七 正溴丁烷的制备

【实验目的】

1. 学习以溴化钠、浓硫酸和正丁醇制备正溴丁烷的原理和方法。
2. 熟悉带有气体吸收装置的回流加热操作,掌握分液漏斗的使用等技术。

【实验原理】

卤代烃是一类重要的有机合成中间体和重要的有机溶剂。合成卤代烃通常采用醇和氢卤酸、氯化亚砜、卤化磷等进行取代反应,或以烯烃与卤化氢、卤素等发生加成反应等。

本实验中,正溴丁烷是通过正丁醇和溴化氢的亲核取代反应而制备的。溴化氢是一种极易挥发的无机酸,无论是液体还是气体,刺激性都很强。因此,本实验中采用溴化钠和浓硫酸作用产生溴化氢的方法,并在反应中加入气体吸收装置,将外逸的溴化氢气体吸收,以免对环境造成污染。在反应中,过量的硫酸不仅可以产生较高浓度的溴化氢,促使反应加速,还可以将反应中生成的水质子化,阻止卤代烷通过水的亲核进攻而返回到醇。

主反应:

$$NaBr + H_2SO_4 \longrightarrow HBr + NaHSO_4$$

$$\text{n-}C_4H_9OH + HBr \xrightarrow{H_2SO_4} \text{n-}C_4H_9Br + H_2o$$

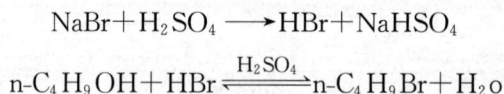

可能的副反应:

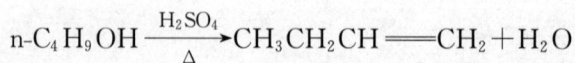

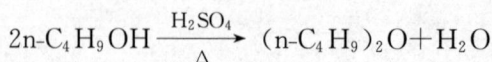

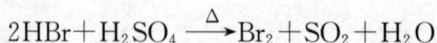

$$\text{n-}C_4H_9OH \xrightarrow[\Delta]{H_2SO_4} CH_3CH_2CH =\!\!= CH_2 + H_2O$$

$$2\text{n-}C_4H_9OH \xrightarrow[\Delta]{H_2SO_4} (\text{n-}C_4H_9)_2O + H_2O$$

$$2HBr + H_2SO_4 \xrightarrow{\Delta} Br_2 + SO_2 + H_2O$$

醇羟基的卤代是可逆反应,为使反应平衡向右移动,在本实验中增加了溴化钠和浓硫酸的用量。

【实验器材】

1. 实验仪器

圆底烧瓶,回流冷凝管,电子天平,铁架台,铁环,万能夹,双顶丝,乳胶管,气体吸收装置，石棉网，酒精灯，锥形瓶，直型蒸馏头，分液漏斗。

2. 实验试剂

正丁醇，溴化钠，浓硫酸，5％氢氧化钠，10％碳酸钠，饱和亚硫酸氢钠溶液，无水氯化钙。

【实验步骤】

1. 常量合成

在 250mL 圆底烧瓶中，加入 15mL 水，慢慢滴入 20mL 浓硫酸，混合均匀，冷却后加入 12.3mL (0.136mol) 正丁醇，混合均匀后加入 16.5g 研细的溴化钠，充分摇动，加 2～3 粒沸石，装好回流冷凝管，在冷凝管的上口加装气体吸收装置（图 4-1）。气体吸收装置的小漏斗倒置在盛放吸收液（5％氢氧化钠）的烧杯中，其边缘应接近水面但不能全部浸入水面以下。

将烧瓶放在石棉网上，用小火加热至沸腾，从冷凝管下端出现回流时开始计时，保持回流 30 分钟，间歇地振摇烧瓶。反应结束，待反应物冷却约 5 分钟后，取下回流冷凝管，向烧瓶中补加 2～3 粒沸石，改蒸馏装置进行蒸馏，直至无油滴蒸出为止。剩余液体趁热倒入烧杯中，待冷却后，再倒入装有饱和亚硫酸氢钠的废液桶中。

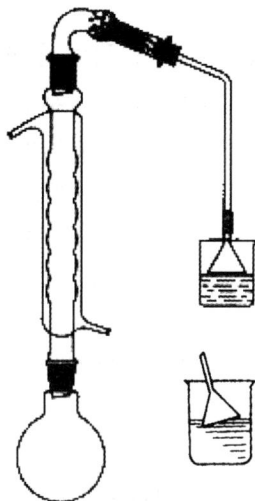

图 4-1　制备正溴丁烷的装置

将馏出物倒入分液漏斗中，加 20mL 水洗涤分层，将油层从分液漏斗下口放入一干燥的小锥形瓶中，然后将等体积的浓硫酸分多次加入锥形瓶中，每加一次，都需要充分振荡锥形瓶。如果混合物发热，可用冷水浴冷却。将混合物慢慢地倒入分液漏斗中，静置使分层，放出下层的浓硫酸。有机层依次用 20mL 水、20mL 10％碳酸钠溶液和 20mL 水洗涤。将下层的粗产物放入一干燥的小锥形瓶中，加入块状无水氯化钙，塞紧，干燥至透明或过夜。

将干燥后的粗产品滤至干燥的蒸馏烧瓶中，投入沸石，加热蒸馏，收集 99℃ ～ 102℃ 馏分。

纯正溴丁烷为无色透明液体，沸点 101.6℃，密度 1.2758，折光率 1.4401。

本实验需 6～8 小时。

2. 微型实验

在 10mL 圆底烧瓶中加入 2mL 水，在冷水浴冷却下一边摇动一边分次加入 2.8mL 浓硫酸，冷至室温后再依次加入 1.84mL 正丁醇和 2.6g 研细的溴化钠，振摇使混合均匀；加入 2 粒沸石，装上冷凝管，冷凝管口接上气体吸收装置，小火加热回流 20 分钟，回流过程中应经常振摇烧瓶以促使反应完成。回流完毕，待反应液冷却后改装成蒸馏装置，蒸出正溴丁烷粗品（约 2mL）。

将馏出液移至分液漏斗中，加入等体积水洗涤，分出有机层至另一干燥分液漏斗中，用等体积浓硫酸洗涤。分去硫酸层，有机层再依次以等体积水、饱和碳酸氢钠溶液和水洗涤，将有机层转入干燥的小锥形瓶中，加入 0.5g 无水氯化钙，经常振摇至液体清亮为止。将干燥好的产品过滤后进行蒸馏，收集 99℃～103℃的馏分。

本实验需 3～4 小时。

【实验预期结果及分析】

正溴丁烷：　　克

状态：

【要点提示及注意事项】

1. 本实验如用含结晶水的溴化钠，可按摩尔数换算，并相应减少加入的水量。

2. 制备反应结束后的馏出液分为两层，通常下层为正溴丁烷粗品（油层），上层为水。但若未反应的丁醇较多或蒸馏过久，可能蒸出部分氢溴酸恒沸液，这时由于密度的变化，油层可能悬浮或变化为上层。如遇这种现象，可加清水稀释，使油层下沉。

3. 判断有无油滴蒸出可用如下方法：用盛清水的试管收集馏出液，看有无油滴悬浮。

4. 洗涤后产物如有红色，说明含有溴，应再加适量饱和亚硫酸氢钠溶液进行洗涤，将溴全部去除。

5. 正丁醇与溴丁烷可以形成共沸化合物，沸点 98.6℃，含质量分数为 13％的正丁醇，蒸馏时很难去除。因此在用浓硫酸洗涤时，应充分振荡。

【思考题】

1. 本实验可能发生哪些副反应？应如何减少副反应的发生？

2. 加热回流时，反应物呈红棕色，是什么原因？

3. 为什么制得的粗正溴丁烷需用冷的浓硫酸洗涤？

4. 最后用碳酸钠溶液和水洗涤的目的是什么？

实验八　2-硝基雷锁辛的制备

【实验目的】

1. 通过 2-硝基雷锁辛的制备，学习有机合成中的一些基本技巧——占位基、导向基和保护基的使用。

2. 了解一锅煮合成法的意义；掌握利用原反应器进行水蒸气蒸馏的操作方法。

【实验原理】

2-硝基雷锁辛的系统名称为 2-硝基-1,3-苯二酚，化学结构如下：

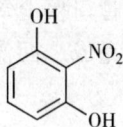

2-硝基雷锁辛为橘红色棱晶状物质（从乙醇-水中重结晶），熔点 85℃，能随水蒸气一同挥发。

2-硝基雷锁辛的合成方法为：第一步以间苯二酚（雷锁辛）为原料，先将其磺化，让磺酸基进入两个较易被取代的位置。如此设计，不仅降低了苯环上的电子密度，提高了苯环的化学稳定性，而且保护了较易反应的化学部位。第二步进行硝化，由于磺酸基的存在，硝基只能进入指定的较不易反应的位置（2-位）。第三步，利用磺化反应的可逆性，用稀酸进行水解，脱去磺酸基，得到目标产物。由于邻位羟基能与硝基形成分子内氢键，所以 2-硝基雷锁辛具有较好的挥发性，可随水蒸气一起蒸出来。本合成路线需经过三步反应，若采用一锅煮法，则不必分离中间体。

反应式：

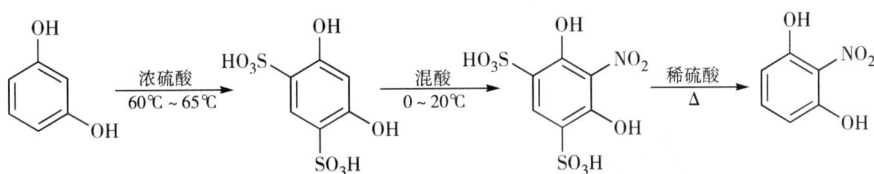

【实验器材】

1. 实验仪器

三口瓶，水浴锅，滴液漏斗，水蒸气蒸馏装置，循环水泵，电子天平，抽滤瓶，布氏漏斗，烧杯，玻璃棒。

2. 实验试剂

间苯二酚，浓硫酸，浓硝酸，尿素，50％乙醇，氯化钠，定性滤纸，冰。

【实验步骤】

方法一：

（1）**磺化占位** 在 150mL 三口瓶中放入 2.6g（0.023mol）间苯二酚，搅拌下缓缓加入 9.3mL（17g）浓硫酸，检查反应液温度的变化。用温水浴加热烧瓶使反应液温度达 60℃～65℃后，移去热浴。室温下搅拌 15 分钟，反应液温度自然下降，磺化反应即告完成。

（2）**硝化** 将 2.1mL 浓硫酸和 1.5mL 浓硝酸混配，置冰浴中冷却待用。将反应瓶置冰盐浴中冷却，使反应液降温至 10℃ 以下。在搅拌下，通过滴液漏斗（或用滴管）将冷却后的混酸慢慢滴加到磺化混合液中。控制加入速度，使反应温度不超过 20℃。加完后，在室温下搅拌 15 分钟。慢慢加入 10g 碎冰和约 0.1g 尿素，硝化反应结束。

（3）**水解与蒸馏** 安装水蒸气蒸馏装置，进行水蒸气蒸馏，调节冷凝水流速以防冷凝管堵塞。馏出液用冰水冷却后，抽滤，得粗产品，称重。

（4）**重结晶** 粗产品用乙醇-水重结晶，必要时可加适量活性炭脱色。

本实验需 8～9 小时。

方法二：

将 2.8g（0.025mol）粉状间苯二酚放入 100mL 烧杯中，在充分搅拌下小心地加入 13mL（0.24mol，98%）浓硫酸，此时反应放热，立即生成白色磺化物，然后使反应物在 60℃～65℃反应 15 分钟。将烧杯放入冷水浴中冷至室温。用滴管滴加预先用 2.8mL（0.052mol，98%）浓硫酸和 2mL（0.032mol，65%～68%）硝酸配成的冷却好的混酸。边滴加边搅拌，控制温度在（30±5）℃。反应过程中混合物黏度变小，并呈黄色。在此温度下继续搅拌 15 分钟。将反应物移入圆底烧瓶中，小心加入 7mL 水稀释之，温度控制在 50℃以下。再加入约 0.1g 尿素，参见图 4-2 进行水蒸气蒸馏，在冷凝管壁上和馏出液中立即有橘红色固体出现。当无油状物蒸出时，即可停止蒸馏，馏出液经水浴冷却后，过滤得粗产品。然后用少量乙醇-水（约需 5mL 50%乙醇）混合溶剂重结晶，得橘红色晶体产量约 0.5g（产率约 13%）。

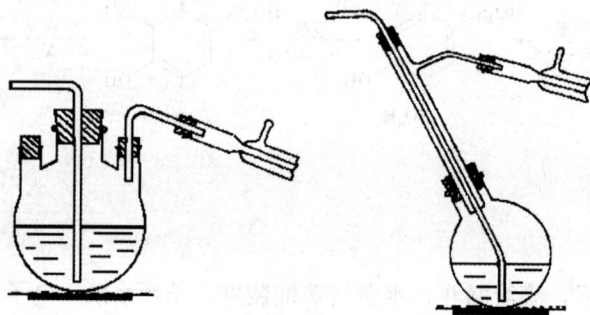

图 4-2　利用原反应容器进行水蒸气蒸馏的装置

【实验预期结果及分析】

2-硝基雷锁辛：　　克

状态：

【要点提示及注意事项】

1. 在配置混酸时，应将浓硫酸缓缓滴加到浓硝酸中，且须在冰浴中冷却。

2. 在分离 2-硝基雷锁辛时，采用外蒸汽蒸馏法或内蒸汽蒸馏法均可。

3. 在进行水蒸气蒸馏时，磺酸基即可被水解掉。

4. 间苯二酚用研钵研成粉状，否则磺化不完全，并注意不要接触皮肤。

5. 稀释水不可过量，否则，致使长时间的水蒸气蒸馏得不到产品。如发现上述情况，可将水蒸气蒸馏改为蒸馏装置，先蒸去一部分水。当冷凝管中出现红色油状物时，再改为水蒸气蒸馏。

6. 加入尿素的目的是使多余的硝酸与其反应生成 $CO(NH_2)_2 \cdot HNO_3$，从而减少 NO_2 气体的污染。

7. 可调节冷凝水的速度，避免产品堵塞冷凝管。

【思考题】

1. 在本实验中硝酸用量过多有何影响？

2. 本实验为何要先磺化后硝化，再进行水解？磺酸基起了什么作用？

3. 本实验能否直接用硝化法一步完成？为什么？

4. 硝化反应为什么要控制在（30±5）℃进行？如温度偏高或偏低时有什么不好？

5. 进行水蒸气蒸馏前为什么先要用冷水稀释？

实验九 乙酰苯胺制备

【实验目的】

1. 了解通过胺的酰化制备酰胺的原理及方法。

2. 熟悉重结晶的基本操作，掌握活性炭脱色的原理及操作方法。

3. 熟悉分馏的基本原理和操作。

【实验原理】

乙酰苯胺俗称退热冰，早期曾用作退热药，目前主要用作制药、染料及橡胶工业的原料。芳胺的酰胺在有机合成中有着重要作用。作为一种保护措施，一、二级芳胺在合成中通常被转化为它们的乙酰基衍生物，以降低芳胺对氧化降解的敏感性，使其不被反应试剂破坏；同时，芳胺的氨基经酰化后，可降低其对芳环的活化作用，使其由很强的邻、对位类定位基变为中等强度的邻、对位类定位基，可使反应由多元取代变为有用的一元取代；同时由于乙酰基的空间效应，反应往往能选择性地生成对位取代产物。在某些情况下，酰化可以避免氨基与其他官能团或试剂（如 RCOCl、HNO_3 等）之间发生不必要的反应。在合成的最后步骤，氨基很容易通过酰胺在酸碱催化下的水解而游离。

芳胺的酰化可通过其与酰卤、酸酐或冰醋酸的反应进行。

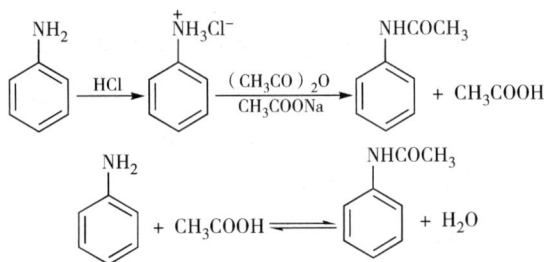

芳胺与乙酸酐的酰化反应比较容易进行，与醋酸反应相对较难，通常需要蒸出反应中产生的水，以促使反应向右进行。

【实验器材】

1. 实验仪器

分析天平，循环水泵，抽滤瓶，烧杯，酒精灯，布氏漏斗。

2. 实验试剂

苯胺，冰乙酸，浓盐酸，醋酸钠，乙酸酐，锌粉，活性炭，定性滤纸。

【实验步骤】

1. 以醋酐为酰化剂的反应

在 250mL 烧杯中加 90mL 水、4.5mL 浓盐酸，在搅拌下加入 5g 苯胺和少量活性炭（约 5.1mL，0.055mL），搅拌均匀，将溶液煮沸 5 分钟，停止加热，趁热抽滤除去活性炭等。将滤液移至烧杯中，加 6mL（0.066mol）醋酸酐，再加入 50℃含有 8g 醋酸钠的水溶液 25mL，搅拌均匀后，用冰浴冷却，析出晶体，抽滤，晶体用少量水洗涤，得粗产品。

粗产品用水进行重结晶，然后干燥，产品重约 5g。

乙酰苯胺为无色片状晶体，熔点 114.3℃。

本实验需要 4~5 小时。

微型实验方案：在 50mL 烧杯中加 12mL 水、1.0mL 浓盐酸，在搅拌下加入 1.1mL 苯胺和 0.2g 活性炭，搅拌均匀，将溶液煮沸 5 分钟，停止加热，趁热抽滤除去活性炭等。将滤液移至 50mL 烧杯中，加入 1.5mL 醋酸酐，再加入 1.8g 醋酸钠溶于 4mL 水的混合物，搅拌均匀，将反应物置冰水浴中充分冷却，使结晶完全。抽滤，晶体用少量水洗涤，干燥后称重，产量为 0.8~1.2g。

2. 以醋酸为酰化剂的反应

在 50mL 圆底烧瓶中加入 6mL 新蒸的苯胺、8mL 冰醋酸、0.5g 锌粉及沸石，瓶口装一个分馏柱，接上冷凝器，柱顶插一支 150℃的温度计，在石棉网上小火加热回流 15 分钟，然后升温进行分馏，馏出温度保持在 105℃左右，分馏约 20 分钟，反应所生成的水（含少量醋酸）可完全蒸出。当温度计的读数发生上下波动时（有时反应瓶中出现白雾），反应即完成。

在搅拌下，趁热将反应混合物以细流倒入盛有 100mL 冷水的烧杯中，待完全冷却后抽滤，用少量水洗涤，抽干。得乙酰苯胺粗品。

将粗品溶于 100mL 热水中，加热至沸，若有不溶解的油珠，再补加热水，至油珠恰好完全溶解为止，停止加热，再多加 10%~20%的热水，稍冷，加活性炭约 0.5g，搅拌煮沸数分钟进行脱色，趁热过滤，滤液冷至室温，抽滤，结晶用少量水洗涤两次，抽干，干燥，得精制乙酰苯胺。产量约 5g。

【实验预期结果及分析】

乙酰苯胺： 克

状态：

【要点提示及注意事项】

1. 脱色处理时加入活性炭的量，应视苯胺的颜色深浅而定，若苯胺为新蒸过的，也可省略此步骤。

2. 若有活性炭漏到滤液中，应重新抽滤。

3. 乙酰苯胺在 83℃以上会熔融成油珠状，不利于纯化。故重结晶时不宜将水加热至沸腾，而应在低于 83℃的情况下进行重结晶。

4. 久置的苯胺色深有杂质，会影响乙酰苯胺的质量，故用新蒸的无色或黄色苯胺。

5. 为了防止苯胺在反应过程中被氧化，须加入少量锌粉。锌粉的量不可太多，否则会产生不溶于水的氢氧化锌，影响乙酰苯胺的质量。

6. 反应温度控制在 105℃ 左右，以防止冰醋酸过多地馏出，影响产量。

7. 在不同温度下，乙酰苯胺在 100mL 水中的溶解度为（g/℃）：0.46/20，0.84/50，3.45/80，5.5/100。

8. 在重结晶中加入活性炭是为了脱去产品的有色杂质。注意：不要将活性炭直接加入沸腾的溶液中，否则会引起暴沸，致使溶液溢出容器。

9. 在重结晶中，经活性炭脱色处理后的沸腾水溶液须趁热过滤。为防止抽滤过程中溶液温度下降过快，导致乙酰苯胺从布氏漏斗上部或下部析出，造成产品损失，可将布氏漏斗和抽滤瓶置于沸水浴或烘箱中预热。临抽滤时再拿出来使用。

为防止活性炭漏入滤液，抽滤前应用少量水先润湿抽滤用滤纸，开启水泵将滤纸抽紧后，再倒入热滤液。

【思考题】

1. 本实验中为什么要使用活性炭？
2. 步骤 1 中使用盐酸的目的是什么？
3. 步骤 2 中为什么要用分馏装置？
4. 常用的乙酰化试剂有哪些？请比较它们的乙酰化能力。

实验十　己二酸的制备

【实验目的】

1. 了解和掌握以环己醇为原料，通过氧化反应制备己二酸的原理和方法。
2. 进一步掌握固体有机物的精制方法。
3. 了解盐析作用及高溶解度产品的母液和洗液的处理方法。

【实验原理】

己二酸是合成尼龙-66 的主要原料之一。它可以用硝酸或高锰酸钾等氧化环己醇制得。用硝酸氧化反应式：

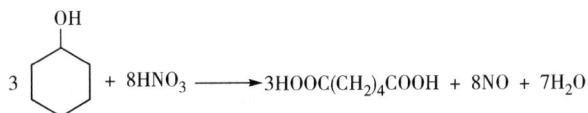

$$3 \text{ } \underset{}{\bigcirc}\text{OH} + 8HNO_3 \longrightarrow 3HOOC(CH_2)_4COOH + 8NO + 7H_2O$$

用高锰酸钾氧化反应式：

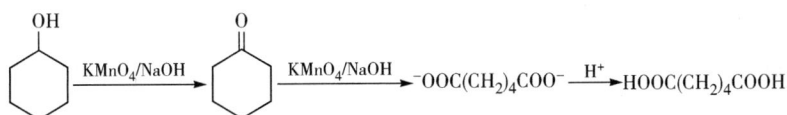

$$\underset{}{\bigcirc}\text{OH} \xrightarrow{KMnO_4/NaOH} \underset{}{\bigcirc}\text{O} \xrightarrow{KMnO_4/NaOH} {}^-OOC(CH_2)_4COO^- \xrightarrow{H^+} HOOC(CH_2)_4COOH$$

【实验器材】

1. 实验仪器

烧杯，水浴锅，布氏漏斗，循环水泵，温度计，量筒，铁架台，电子天平，抽滤瓶。

2. 实验试剂

环己醇，硝酸，高锰酸钾，浓盐酸，10％氢氧化钠溶液，固体食盐，定性滤纸。

【实验步骤】

1. 硝酸氧化法（必须在通风橱内进行）

在100mL烧杯中放一支温度计，其水银球要尽量接近瓶底（温度计通过塞子固定在铁架上或用线绳挂在铁架上）。

在烧杯中加5mL水，再加5mL硝酸。将溶液混合均匀，在水浴上加热到80℃，然后用滴管加2滴环己醇。反应立即开始，温度随上升到85℃~90℃。小心地逐渐滴加2.1mL环己醇，一定要使温度维持在这个范围内，必要时往水浴中添加冷水。当醇全部加入而且溶液温度降低到80℃以下时，将混合物在85℃~90℃下加热2~3分钟。

在冰浴中冷却，析出的结晶在布氏漏斗上进行抽滤。用滤液洗出烧杯中剩余的晶体。用3mL冰水洗涤己二酸，抽滤。晶体再用3mL冰水洗涤一次，再抽滤。取出产物，晾干。产量约1.4g。

纯己二酸是无色单斜晶体，熔点153℃。

本实验需3小时。

2. 高锰酸钾氧化法

在150mL烧杯中加入4.2mL环己醇和50mL 1％的氢氧化钠溶液，充分搅拌。并在不断搅拌下，分小批量地加入12g研细的高锰酸钾，控制反应温度在43℃~47℃之间。加毕，继续搅拌，待反应温度降至43℃左右而且不再上升时，在沸水浴中将反应物加热约10分钟使反应完全。

在一张平整的滤纸上点一小滴反应液，检查反应是否完成。如果紫红色消失，表示反应已经完成。如果还有紫红色，可继续加热数分钟。若紫红色仍不消失，则向反应液中加入少许固体亚硫酸氢钠，以消除过量的高锰酸钾。

趁热抽滤，滤渣二氧化锰用热水洗涤两次，每次用10mL。每次尽量挤压掉滤渣中的水分，将滤液转移到100mL烧杯中，用4mL浓盐酸酸化。在酸化后的滤液中加入粉状食盐，降低己二酸的溶解度，促使结晶析出，或小心地加热蒸发滤液，使其体积减少到20mL左右，冷却析出己二酸，抽滤，用10mL冷水洗涤晶体，干燥，得白色己二酸晶体。将二次滤液和洗涤液再次浓缩，冷却后仍有结晶析出，抽滤，用少许冷水洗涤结晶。将两次的结晶合并，称重，产量约4g，计算产率。

本实验需要4小时。

【实验预期结果及分析】

己二酸：　　克

状态：

【要点提示及注意事项】

1. 本实验要在通风橱中进行，因产生的二氧化氮有毒。

2. 环己醇与浓硝酸切不可用同一量筒量取，两者相遇会发先剧烈反应，甚至发生意外。再者硝酸过浓，反应太激烈，50%浓度的硝酸（比重1.31）可用市售的（比重为1.42，浓度为71%）硝酸21mL稀释到32mL即可。

3. 此反应为强烈放热反应，滴加速度不宜过快，以避免反应过剧，引起爆炸。

4. 环己醇熔点为24℃，熔融时为黏稠液体，为减少转移时的损失，可用少量水冲洗量筒，并转入烧杯中。

5. 加热除可加速反应外，还有利于二氧化锰凝聚，便于下一步过滤。

6. 15℃时100mL水能溶解1.5g己二酸，因此浓缩母液可回收少量产物。

7. 产率较低时，己二酸难以从酸性溶液中析出。此时可以加入粉状食盐，降低己二酸的溶解度，以促使其结晶；也可以在蒸发皿中将溶液适当浓缩后再冷却，以促使其结晶析出。

【思考题】

1. 在本实验中是如何控制反应温度和环己醇滴加速度的，为什么？

2. 用高锰酸钾氧化法制备己二酸时，为什么先用热水洗涤残渣，后用冷水洗涤产品？在洗涤过程中用水量过多对实验结果有什么影响？

3. 环己醇用铬酸氧化得到环己酮，用高锰酸钾氧化则得到己二酸，为什么？

4. 己二酸析出完全后，产品在抽滤、转移、洗涤过程中应注意什么问题？

实验十一　乙酰水杨酸（阿司匹林）的制备

【实验目的】

1. 通过水杨酸的乙酰化反应，掌握酰化反应的原理，了解酰化反应中常用的试剂及影响反应进行的主要因素。

2. 熟悉乙酰水杨酸的制备方法。

3. 掌握混合试剂重结晶的技术。

【实验原理】

水杨酸具有解热镇痛和消炎作用，用于治疗风湿病和关节炎等。由于水杨酸的刺激性较强，故将其进行化学修饰制备成乙酰水杨酸即阿司匹林使用。阿司匹林是一种非常普遍的治疗感冒的药物，具有解热止痛作用，还可以软化血管。

水杨酸是一种具有双官能团的化合物，分子中含有一个羟基和一个羧基。羟基和羧基都会发生酯化反应，而且可以形成分子内氢键，阻碍酰化和酯化反应的发生，致使反应需加热到150℃~160℃才能进行。若加入少量的浓硫酸或吡啶等来破坏氢键，则反应可降到60℃~80℃进行，同时还可减少副产物的生成。

反应式：

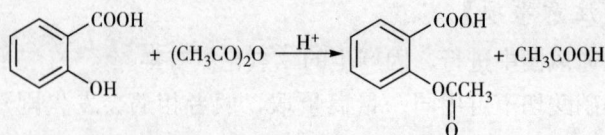

【实验器材】

1. 实验仪器

电子天平，锥形瓶（干燥），水浴锅，循环水泵，抽滤瓶，布氏漏斗，烧杯，量筒（干燥）。

2. 实验试剂

水杨酸，乙酸酐，浓硫酸（或吡啶），定性滤纸，1％三氯化铁，95％乙醇或1∶1（体积比）醋酸。

【实验步骤】

1. 常量法

（1）合成　将2g（14mmol）干燥的水杨酸和5mL（53mmol）醋酐依次放入100mL干燥的锥形瓶中，加入3～5滴浓硫酸，充分振摇后，将混合物在80℃～90℃水浴中进行加热，并时加振摇，直至固体溶解，再在水浴中放置10分钟使反应完全。取出锥形瓶让液体冷却（注意需要缓慢自然冷却），开始析出结晶（如未见结晶，可摩擦瓶壁促使结晶形成）。当产物呈糊状或油状时，在不断搅拌下加入50mL冷水分解过量乙酸酐，使结晶进一步析出（乙酰水杨酸在水中溶解度小），将混合物置冰水浴中冷却，使结晶析出完全。抽滤，将乙酰水杨酸从反应物中分离出来，并用少量冷水洗涤结晶，尽量抽干水分，放置在空气中简单干燥或在红外灯下烘干。产率约80％，熔点134℃～136℃。

从中取少许粗产品用三氯化铁溶液检验，观察溶液颜色变化。

（2）重结晶　粗产品可用乙醇-水混合溶剂或1∶1水-醋酸重结晶。

①用乙醇-水混合溶剂重结晶：将粗产品放入小烧杯中，加95％乙醇5mL，水浴加热至全溶，趁热滴加50℃的热水至溶液变浑浊，用水15～20mL。继续加热至溶液澄清，冷却使结晶充分，抽滤，用乙醇-水（3∶1）洗涤2～3次，干燥。

②用1∶1水-醋酸重结晶：将粗产品放入小烧杯中，在不断搅拌下慢慢加入适量（≤5mL）1∶1热水-醋酸溶液，将其制成饱和溶液，然后冷却至充分析出结晶，抽滤，淋洗，干燥，称重，计算产率。

（3）产品检验　在三支小试管中分别放入大约0.2g粗阿司匹林、重结晶的阿司匹林、纯水杨酸，每个样品加入1mL乙醇，使其溶解，并分别加入1滴1％ $FeCl_3$。记录实验现象，并解释。

纯乙酰水杨酸为白色针状结晶，熔点136℃。

本实验需要5小时。

2. 微量法

将1.0g水杨酸置25mL锥形瓶中，加入2.5mL乙酸酐和2滴浓硫酸，缓缓摇动锥形瓶直至水杨酸溶解。将锥形瓶置 70℃～75℃ 水浴上缓缓加热 8～10 分钟。冷却使结晶析出，如果不结晶，可用玻璃棒摩擦瓶壁，并置混合物于冰水浴中冷却，直至结晶大量产生。搅拌下加入 25mL 水，并置混合物于冰水浴中冷却，使结晶完全，抽滤，以少量冷水洗涤结晶。

将粗产物移入 50mL 烧杯中，加入 13mL 饱和碳酸氢钠水溶液，搅拌至无气泡放出为止。抽滤除去副产物，用 5mL 水洗涤不溶物，洗涤液并入滤液中。将滤液加到 2mL 浓盐酸和 5mL 水的混合溶液中，搅拌，阿司匹林将沉淀析出，用冰水浴充分冷却，抽滤，洗涤，干燥。

【实验预期结果及分析】

乙酰水杨酸：　　克

状态：

【要点提示及注意事项】

1. 温度一定不能高，以免副产物增多。

2. 加热温度过高，或冷却速度太快，容易出现油状物而不是晶体，这是由于溶剂中的其他小分子钻进晶格破坏结晶形成。

3. 乙酰水杨酸易受热分解，因此熔点不是很明显，它的分解温度为 128℃～135℃，熔点为 136℃。在测定熔点时，可先将热载体加热至 120℃ 左右，然后放入样品测定。

【思考题】

1. 计算本实验原料用量的分子比，解释为什么用过量的乙酸酐，而不用过量的水杨酸？

2. 为什么在本实验中要加入浓硫酸？

3. 相应的仪器为什么要干燥，水的存在对反应有什么影响？

4. 用 1∶1 水 - 醋酸重结晶时最关键的操作步骤是什么？

实验十二　甲基橙的制备

【实验目的】

1. 掌握由重氮化、偶合反应制备甲基橙的原理和方法。

2. 练习冰浴操作。

3. 掌握两性化合物的重结晶技术。

【实验原理】

甲基橙（methylorange）是一种酸碱指示剂，属于偶氮化合物。它是以对氨基苯磺酸为原料，经重氮化、偶联反应制得的。其制备过程为：先经重氮化反应制得对氨基苯磺酸重氮盐；再利用偶联反应得到甲基橙。

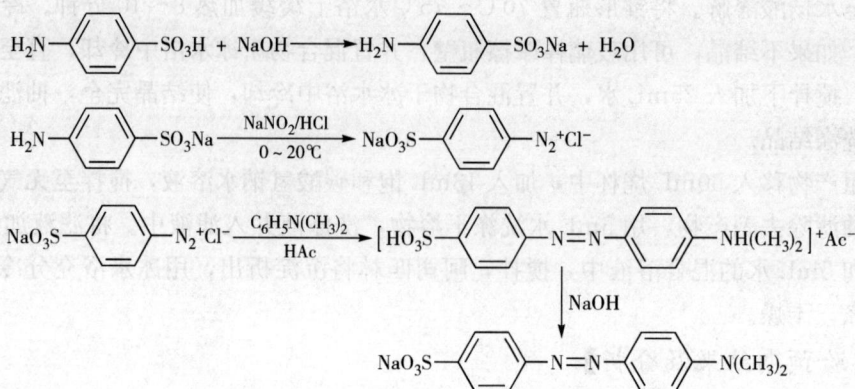

$$H_2N-\bigphenyl-SO_3H + NaOH \longrightarrow H_2N-\bigphenyl-SO_3Na + H_2O$$

$$H_2N-\bigphenyl-SO_3Na \xrightarrow[0\sim20℃]{NaNO_2/HCl} NaO_3S-\bigphenyl-N_2^+Cl^-$$

$$NaO_3S-\bigphenyl-N_2^+Cl^- \xrightarrow[HAc]{C_6H_5N(CH_3)_2} [HO_3S-\bigphenyl-N=N-\bigphenyl-NH(CH_3)_2]^+Ac^-$$

$$\downarrow NaOH$$

$$NaO_3S-\bigphenyl-N=N-\bigphenyl-N(CH_3)_2$$

【实验器材】

1. 实验仪器

烧杯，温度计，玻璃棒，电子天平，循环水泵，抽滤瓶，布氏漏斗，水浴锅，量筒。

2. 实验试剂

对氨基苯磺酸，5%氢氧化钠溶液，亚硝酸钠，浓盐酸，N,N-二甲基苯胺，冰乙酸，95%乙醇，定性滤纸。

【实验步骤】

1. 常规法

（1）对氨基苯磺酸重氮盐的制备　在一支大试管中或小烧杯中加入 1g（5.77mmol）对氨基苯磺酸、5mL 5%的氢氧化钠溶液，水浴温热使对氨基苯磺酸溶解，冷至室温。另取 0.4g（5.8mmol）亚硝酸钠溶于 3mL 水中，加入上述溶液中。在冰盐浴冷却并搅拌下，将该混合液慢慢滴加到盛有 5mL 水和 1.5mL 浓盐酸的 50mL 烧杯中，保持反应温度始终在 5℃以下，反应液由橙黄变为乳黄色，并有白色沉淀产生。滴加完毕继续在冰水浴中反应 5~7 分钟。

（2）偶联制备甲基橙　在试管中将 0.7mL（5.1mmol）N,N-二甲基苯胺和 0.5mL 冰乙酸混合均匀。在搅拌下将该溶液慢慢滴加至冷却的重氮盐溶液中，加完后继续搅拌 10 分钟，此时溶液为深红色。在继续搅拌下慢慢加入 12.5mL 5%的氢氧化钠溶液，此时有固体析出，反应物成为橙黄色浆状物，搅拌均匀。在沸水浴上加热 5 分钟（使固体陈化），冷却使晶体完全析出。抽滤，依次分别用少量水、乙醇洗涤，压干或抽干，得到亮橙色晶体。产率 40%~50%。

（3）重结晶　将粗产品加入 0.4%的氢氧化钠沸水溶液（每克粗产品需 15~20mL）中，固体溶解后，放置冷却，待晶体析出完全后，抽滤，用少量冷水洗涤晶体，得到橙黄色明亮的小叶片状晶体。称重，计算产率。

取少量甲基橙溶解于水中，加几滴盐酸，然后用稀氢氧化钠溶液中和，观察溶液的颜色变化。

本实验约需 5 小时。

2. 改良法

（1）对氨基苯磺酸重氮盐的制备　在一只 100mL 烧杯中加入 1g（5.77mmol）对氨基苯磺酸、0.4g（5.8mmol）亚硝酸钠和 10mL 水，搅拌 5 分钟，使其溶解，溶液由黄色转变成橙红色，此即对氨基苯磺酸重氮盐溶液。

（2）偶联制备甲基橙　在重氮盐溶液中，加入新蒸过的 N,N-二甲基苯胺 0.8mL（5.8mmol），剧烈搅拌 10 分钟，此时溶液呈深红色黏稠状；继续振摇搅拌 5 分钟，反应液黏度下降并有亮橙色晶体析出。在搅拌下，慢慢加入 3mL 10％ 的氢氧化钠溶液，此时有固体析出，反应物成为橙黄色浆状物，搅拌均匀。在沸水浴上加热 5 分钟（使固体陈化），冷却使晶体完全析出。抽滤，依次用少量水、乙醇洗涤，压干或抽干，得到亮橙色晶体。产率 80％～90％。

（3）重结晶　将粗产品加入 0.4％的氢氧化钠沸水溶液（每克粗产品加 15～20mL）中，固体溶解后，放置冷却，待晶体析出完全后，抽滤，用少量冷水洗涤晶体，得到橙黄色明亮的小叶片状晶体。称重，计算产率。

取少量甲基橙加几滴盐酸，然后用稀氢氧化钠溶液中和，观察溶液的颜色变化。

本实验约需 4 小时。

【实验预期结果及分析】

甲基橙：　　克

状态：

【要点提示及注意事项】

1. 对氨基苯磺酸是两性化合物，但其酸性比碱性强，故能与碱作用而生成盐，这时溶液应呈碱性（用石蕊试纸检验），否则需补加 1～2mL 氢氧化钠溶液。

2. 对氨基苯磺酸的重氮盐在此时往往析出，这是因为重氮盐在水中可电离，形成内盐，在低温下难溶于水而形成细小的晶体析出。

3. N,N-二甲基苯胺久置易被氧化，因此需要重新蒸馏后再使用。该有机物有毒，蒸馏时应在通风橱中进行。

4. 一定要使反应物全部变成橙黄色，否则应酌情补加少量氢氧化钠溶液。

5. 用乙醇洗涤产品的目的是使产品迅速干燥。

6. 甲基橙在水中溶解度较大，重结晶时加水不宜过多且操作要迅速，因为产物呈碱性，温度高时易变质，使颜色加深；此时可先将氢氧化钠煮沸，再加入粗产品，以缩短产品的受热时间。

【思考题】

1. 什么叫偶联反应？结合本实验讨论一下偶联反应的条件。

2. 在本实验中制备重氮盐时，为什么要把对氨基苯磺酸变成钠盐？如果直接与盐酸混合，是否可以？

3. 解释甲基橙在酸性介质中变色的原因，用反应式表示。

4. 与常规合成法比较，改良合成法省却了哪些实验步骤和试剂？改良合成法中，对氨基苯磺酸是如何溶解的？亚硝酸和重氮盐是如何形成的？试用合适的反应式表示。

第五章 设计性实验 ▷▷▷▷

设计性实验是参考给定的实验样例和相关资料，按照实验题目要求，学生自主设计实验方案、独立操作完成的实验。

选定实验题目后，在教师指导下，学生自己查阅相关文献资料，并依照相关参考实验，运用所学的理论知识，完成实验目的、实验原理（主、副反应）、仪器选择、装置组装、药品用量、操作步骤、实验可能发生的事故的预防、实验结果预测、结果测定、废弃物处理等一整套方案的制定。实验方案确定后，可与指导教师或同学讨论，进一步完善方案，然后独立完成全部实验内容。实验完成后，写出完整的实验报告。

设计性实验可培养学生查阅文献资料、独立思考、设计实验的能力及独立进行实际操作的动手能力，也可培养学生分析问题和解决问题的综合能力。

实验十三 复方止痛药片成分的分离与鉴定

阿司匹林、非那西汀、对乙酰氨基酚都是常用的非处方药。除了单独成分制成药片外，在非处方止痛药中还常见复方止痛药，即它们中的两种或三种复配。有的还加入咖啡因或其他活性组分进行复配。常见的非处方止痛药活性组分如下。

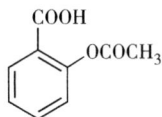 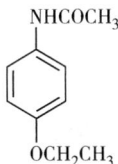 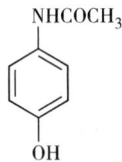 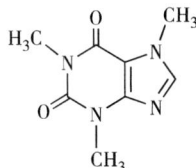

乙酰水杨酸　　　　　非那西汀　　　　　对乙酰氨基酚　　　　　咖啡因

乙酰水杨酸（阿司匹林）：熔点：135℃～138℃；紫外吸收 λ_{max}：276nm。
非那西汀：熔点：134℃～136℃；紫外吸收 λ_{max}：249nm。
对乙酰氨基酚：熔点：169℃～170℃；紫外吸收 λ_{max}：250nm。
咖啡因：熔点：234℃～237℃；紫外吸收 λ_{max}：273nm。

【设计题目】

参考色谱分离技术，设计分离、测定复方对乙酰氨基酚药片或复方阿司匹林（镇痛片）药片的活性组分的实验。

【要求】

独立设计，实施操作，鉴别出活性组分。

【提示】

测定方法可用 TLC 分离、分析法，也可用高效液相色谱法，甚至可在分离出纯活性组分后进行测定。下面就 TLC 法提供一些设计参考。

1. 非处方止痛药包括两大组分：①非活性成分，主要是淀粉等辅料；②活性组分，即前面所列化合物，活性组分的种类不同、含量不等。

2. 可用二氯甲烷与甲醇的 1∶1 混合物萃取，把药片的活性组分与非活性组分分开。

3. 根据显色方式选择吸附剂硅胶的种类。按相应要求制版，或采用市售的商品层析板。

4. 展开剂可用乙酸乙酯，也可以采用混合展开剂。

5. 显色可用碘蒸气熏蒸法，也可以在紫外灯下观察斑点。

6. 要用标样确定各组分的 R_f 值（怎样得到标样？）。

7. 如果要分离出各纯的活性组分，制板时吸附剂涂层要厚，点样品成条状。

【说明】

指导教师可根据当地药店供应止痛片的情况选用其他止痛片供学生实验用。

【参考文献】

1. 米勒. 现代有机化学实验［M］. 上海：上海科学技术出版社，1987.

2. 吴世晖，周景尧，林子森等. 中级有机化学实验［M］. 北京：高等教育出版社，1986.

3. Schoffstall A M. Microscale and miniscale organic chemistry laboratory experiments［M］. Boston：McGraw-Hill，2000.

【思考题】

总结自己做设计性实验的体会。

实验十四　止痛药物的制备

微波辐射促进有机化学反应的新技术已应用于有机反应的研究中，用于教学实验有反应时间短、试剂用量少、产物选择性高、实验仪器简单、操作方便灵活等优点。

【设计题目】

参考微波辐射促进有机化学反应，设计以 4-羟基苯胺为反应物，以乙酸酐为酰化剂，利用微波辐射技术制备乙酰氨基酚。

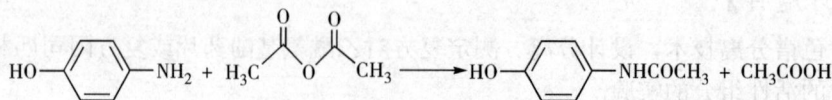

【要求】

查阅资料、设计方案，实施微波炉的安全使用，并制备、分离、提纯产物。

【提示】

1. 掌握微波辐射促进有机化学反应的基本知识。

2. 确定实验规模和各种反应物的量，选择反应所用的溶剂。

3. 正确操作微波合成仪，注意操作安全。

【说明】

指导教师可根据实验室条件，限定鉴定产物所使用的方法。

【参考文献】

1. Mirafzal G. J Chem Edu［J］，2000，77（3）：356.

2. Barl S S. J Chem Edu［J］，1992，69（11）：938.

【思考题】

1. 微波辐射促进反应有哪些优点？

2. 微波辐射促进反应适用于哪些反应？

第六章　天然有机化合物提取实验 ▷▷▷▷

实验十五　丹皮酚的分离提取与鉴定

【实验目的】

1. 掌握药材中挥发成分的一般提取和分离方法。

2. 掌握水蒸气蒸馏法从牡丹皮中提取丹皮酚的原理、装置和基本操作。

【实验原理】

牡丹皮是植物牡丹的根皮，性微寒，味苦，具有清热凉血、活血散瘀之功效。本品的主要药用成分为丹皮酚、丹皮酚苷等，后者在贮存过程中易分解为丹皮酚。除了牡丹皮外，中药徐长卿的根中也含有较多的丹皮酚。丹皮酚具有镇痛、镇静、抗菌作用，临床上用于治疗风湿病、牙痛、胃痛、皮肤病及慢性支气管炎、哮喘等。丹皮酚的化学名称为 2-羟基-4-甲氧基苯乙酮，结构如下：

丹皮酚为具有芳香气味的白色针状结晶，熔点 50℃。丹皮酚的邻位羟基可与酮的羟基形成分子内氢键，具有挥发性，能随水蒸气蒸馏出来。丹皮酚难溶于水，易溶于乙醇、乙醚、氯仿、苯等有机溶剂。

因为丹皮酚具有挥发性，可随水蒸气蒸馏出来，而在冷水中难溶，故放冷后可以析出结晶。

【实验器材】

1. 实验仪器

电子天平，水蒸气蒸馏装置（包括水蒸气发生器、圆底烧瓶、二口烧瓶、铁架台、万能夹、双顶丝、冷凝装置、接收装置），熔点仪，大烧杯，量筒，减压过滤装置。

2. 实验试剂

牡丹皮，1‰三氯化铁溶液，定性滤纸，食盐，95%乙醇，碘试液，氢氧化钠溶液。

【实验步骤】

1. 提取

将 30g 已经粉碎好的牡丹皮装入 500mL 的三口烧瓶中，加入 60mL 水混匀后浸泡30 分钟，安装水蒸气蒸馏装置，收集流出液的烧杯中加入食盐 5g，烧杯外用冰水浴冷却。向盛有药材的二口烧瓶中通入水蒸气进行蒸馏，收集馏出液，当馏出液变澄清、无乳浊现象时，停止蒸馏，冰浴冷却馏出液至所有油状物固化。

2. 分离纯化

将结晶析出的白色结晶状丹皮酚进行减压抽滤，得到粗品丹皮酚。将结晶用少量95％乙醇溶解，再加入蒸馏水（乙醇与水的体积比为 1∶9）使溶液呈现乳白色，静置后有大量的白色针状结晶析出，抽滤结晶，自然干燥，即得到丹皮酚纯品。

3. 鉴别

（1）碘仿实验　制备丹皮酚甲醇溶液，碘仿实验应有米黄色沉淀出现。

（2）三氯化铁实验　制备丹皮酚甲醇或乙醇溶液，三氯化铁检验应显紫红色。

（3）熔点测定　mp 50℃。

【实验预期结果及分析】

丹皮酚：　克

状态：

【要点提示及注意事项】

1. 进行水蒸气蒸馏时，蒸汽导管要尽可能地深入到容器底部。

2. 牡丹皮稍粉碎即可，颗粒不能太小，否则易堵管。

3. 进行水蒸气蒸馏时，理论上需要蒸馏至馏出液用三氯化铁检验无紫色为止，即丹皮酚无阳性反应。但是这样会花费较长的时间，效率太低，因此，本实验蒸馏至馏出液变澄清即可停止。

4. 若发现安全管水柱明显上升，则为丹皮酚堵管；应先打开活塞放水、放气。

5. 水蒸气导气管上的 T 形管要水平或略向下倾斜。

6. 反应开始后，有蒸气冒出时再关螺旋夹；反应中断或结束时，先打开螺旋夹与大气相通，再停止加热，以防倒吸，最后关闭冷凝水。

【思考题】

1. 进行水蒸气蒸馏时，蒸汽导管要尽可能地深入到容器底部，为什么？

2. 什么情况下选择水蒸气蒸馏，水蒸气蒸馏必须满足哪些条件？

3. 结合丹皮酚的结构说明丹皮酚为什么具有挥发性。

4. 进行碘仿实验时，丹皮酚可以用乙醇溶解，为什么？

实验十六　咖啡因的分离提取与鉴定

【实验目的】

1. 了解从茶叶中提取咖啡因的原理。

2. 进一步熟悉脂肪提取器的用法。

【实验原理】

茶叶中含有多种生物碱，其中以咖啡碱（又称咖啡因）为主，占 1%～5%。另外还含有 11%～12% 的丹宁酸（又名鞣酸），0.6% 的色素、纤维素、蛋白质等。咖啡碱是弱碱性化合物，易溶于氯仿（12.5%）、水（2%）及乙醇（2%）等。在苯中的溶解度为 1%（热苯为 5%）。丹宁酸易溶于水和乙醇，但不溶于苯。

咖啡碱是杂环化合物嘌呤的衍生物，它的化学名称是 1,3,7-三甲基-2,6-二氧嘌呤，其结构式如下：

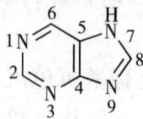

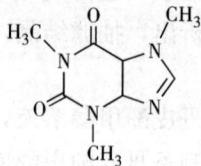

嘌呤　　　　咖啡因(1,3,7-三甲基-2,6-二氧嘌呤)

含结晶水的咖啡因系无色针状结晶，味苦，能溶于水、乙醇、氯仿等。在 100℃ 时即失去结晶水，并开始升华，120℃ 时升华相当显著，至 178℃ 时升华很快。无水咖啡因的熔点为 234.5℃。

为了提取茶叶中的咖啡因，往往利用适当的溶剂（氯仿、乙醇、苯等）在脂肪提取器中连续抽提，然后蒸去溶剂，即得粗咖啡因。

粗咖啡因还含有其他一些生物碱和杂质，利用升华可进一步提纯。

工业上，咖啡因主要通过人工合成制得。它具有刺激心脏、兴奋大脑神经和利尿等作用，因此可作为中枢神经兴奋药。它也是复方阿司匹林（APC）等药物的组分之一。

咖啡因可以通过测定熔点及光谱法加以鉴别。此外，还可以通过制备咖啡因水杨酸衍生物进一步得到确证。咖啡因作为碱，可与水杨酸作用生成水杨酸盐，此盐的熔点为 137℃。

【实验器材】

1. 实验仪器

电子天平，脂肪提取器，电热套，蒸馏装置，烧杯，蒸发皿，玻璃漏斗，棉线，大头针，药棉，单面刀片，工业滤纸。

2. 实验试剂

茶叶，95% 乙醇，生石灰。

【实验步骤】

1. 在 250mL 圆底烧瓶中加入 100mL 乙醇，取 10g 茶叶研碎放于脂肪提取器的滤纸套中，然后放进提取器。

2. 按图 2-8 所示装好提取装置。

3. 电热套加热连续提取至提取液颜色变淡为止（约 40 分钟）。

4. 改成蒸馏装置，蒸出大部分乙醇，残留液剩下 15～20mL，切勿蒸干。

5. 将残留液转移至蒸发皿中，加入约 8g 研细的生石灰（脱水及中和酸性物质）。搅拌下，在电热套烘炒使水分全部除去。

6. 均匀而薄薄地铺在蒸发皿底部，上部放一张带有小孔的滤纸，再盖上一玻璃漏斗，并堵上颈孔，按图 2-30 安装升华装置。缓缓地小火加热（勿使火焰停在局部）使升华。稍冷后将升华物质取出。

7. 将残渣翻动一下，再加热（可加大火焰）使升华完全，合并两次升华物，测定熔点。

【实验预期结果及分析】

咖啡因：　克

状态：

【要点提示及注意事项】

1. 注意虹吸管极易折断。

2. 滤纸包茶叶沫要严实，防止漏出堵塞虹吸管；滤纸包紧贴套管内壁，方便取放；高度不能超出虹吸管高度；上面折成凹形，保证回流液均匀浸润被萃取物。

3. 乙醇蒸得太干，残液黏，难于转移，损失大；太稀不好炒。

4. 生石灰拌匀，有吸水和中和作用，以除去部分酸性杂质。

5. 升华是关键。始终小火间接加热。防止高温炒糊变黄。

6. 刮下咖啡因时要小心操作，防止混入杂质。

【思考题】

1. 分离咖啡因粗品时，为什么要加入氧化钙？

2. 从茶叶中提取的咖啡因有绿色光泽，为什么？

3. 咖啡碱、茶碱与可可碱在结构上有什么区别？有何种用途？对人体有何利弊？

4. 本实验中，从回流提取、烘烤茶砂到升华操作，应如何减少产品损失？

5.《中国药典》规定，测定咖啡因的含量时，要用极性很强的氯仿作提取剂，为什么？

实验十七　从黄连中提取小檗碱

【实验目的】

1. 掌握从黄连中提取小檗碱的原理和方法，以及小檗碱的精制方法。

2. 学习渗漉法提取天然产物的方法。

3. 熟悉小檗碱的化学性质和鉴定方法。

【实验原理】

黄连为毛茛科黄连属植物黄连、三角叶黄连或云连的干燥根茎。具有清热燥湿、清心除烦、泻火解毒的功效。

黄连的有效成分主要是生物碱，已分离出的主要生物碱有小檗碱、掌叶防己碱、黄连碱等。其中小檗碱含量最高，可达 10％左右，是以盐酸盐的形式存在于黄连中。小檗碱有很强的抗菌作用，已广泛地应用于临床。

小檗碱为黄色针状结晶，熔点为 145℃。游离的小檗碱能缓缓溶于水（1∶20）及乙醇中（1∶100），易溶于热水及热醇，难溶于乙醚、石油醚、苯、三氯甲烷等有机溶剂。其盐在水中溶解度很小，尤其是盐酸盐。盐酸盐为 1∶500，枸橼酸盐 1∶125，酸性硫酸盐 1∶100，硫酸盐 1∶30，但在热水中都比较容易溶解。

小檗碱常以季铵碱形式存在，碱性强（pK_a11.53），能溶于水中，其水溶液有互变形式。

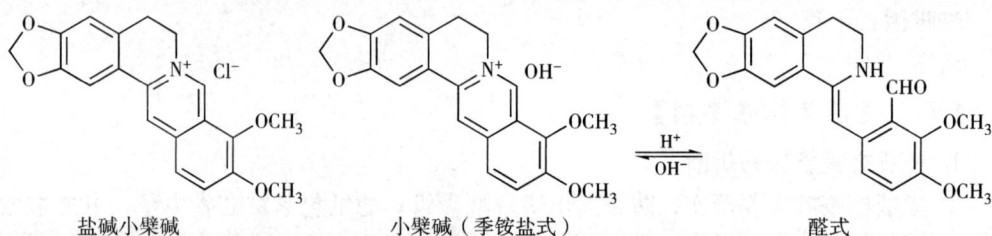

盐碱小檗碱   小檗碱（季铵盐式）   醛式

小檗碱属于季铵碱，其游离型在水中的溶解度最大。而它们的盐类以含氧酸盐在水中溶解度较大，不含氧酸盐难溶于水，其盐酸盐在水中溶解度则更小。利用此性质结合盐析法，可从黄连中提取小檗碱。

【实验器材】

1. 实验仪器

电子天平，250mL 圆底烧瓶，回流装置，蒸馏装置，抽滤装置，熔点测定仪等。

2. 实验试剂

黄连粗粉，95％乙醇，浓盐酸，10％乙酸水溶液，定性滤纸，丙酮，石灰乳。

【实验步骤】

1. 提取

取 10g 研细的黄连于 250mL 圆底烧瓶中，加入 100mL 95％乙醇，安装回流冷凝装置，水浴加热回流 40 分钟，再静置浸泡 60 分钟。抽滤，残渣用少量 95％乙醇洗涤 2 次。

2. 浓缩

合并滤液于 250mL 圆底烧瓶中，安装蒸馏装置，水浴加热蒸馏回收乙醇或用旋转蒸发仪脱溶，至烧瓶中残留物呈现棕红色糖浆状时停止蒸馏。

3. 提纯

向烧瓶中滴加 30mL 10％乙酸水溶液，加热溶解，趁热抽滤以除去不溶物。向滤液中滴加浓盐酸至溶液浑浊（约 10mL）。冰浴下冷却，即有黄色针状晶体析出。抽滤，用少量冰水洗涤 2 次，再用丙酮洗 1 次，烘干后称重，得到盐酸小檗碱粗品。

若得到纯净的小檗碱，可向粗品中加入热水至粗品刚好溶解，煮沸，用石灰乳调节

pH 值为 8.5~9.8，冷却，滤去不溶物，滤液用冰水冷却，即有针状的小檗碱析出，抽滤，于 50℃~60℃ 下干燥，测定熔点。纯净的小檗碱熔点为 145℃。

4. 鉴定

（1）测定产物的熔点。

（2）取盐酸小檗碱少许，加浓硫酸 5mL 溶解，滴加几滴硝酸，应呈樱红色。

（3）取盐酸小檗碱 50mg，加蒸馏水 5mL，缓慢加热溶解后加入质量分数为 20％ 的氢氧化钠 2 滴，显橙色，冷却后过滤，滤液中滴加丙酮 4 滴，即产生浑浊，静置后析出黄色的丙酮小檗碱沉淀。

【实验预期结果及分析】

小檗碱： 克

状态：

【要点提示及注意事项】

1. 也可以用索氏提取器连续提取 2 小时。

2. 滤渣可重复上述操作再提取一次，适当减少乙醇用量和缩短浸泡时间。

3. 若晶型不好可用水重结晶一次。

【思考题】

1. 试说明小檗碱的提取、纯化方法设计的依据。

2. 根据盐酸小檗碱的性质，还可以用其他什么方法进行提取与分离？

3. 小檗碱属于哪一类生物碱，可以用盐酸水溶液提取吗？

4. 最后纯化时用氢氧化钠代替石灰乳调节溶液的 pH 是否可以，为什么？

实验十八 从槐米中提取分离芦丁

【实验目的】

1. 掌握芦丁等黄酮类化合物的提取原理及方法。

2. 掌握糖苷类结构的一般鉴定方法。

3. 复习重结晶等操作方法。

【实验原理】

芦丁（rutin）广泛存在于植物界中，现已发现含芦丁的植物在 70 种以上，如烟叶、槐花、荞麦和蒲公英中均含有。尤以槐花米（为植物 sophora japonica 的未开放花蕾）和荞麦中含量最高，可作为大量提取芦丁的原料。

槐花米为豆科植物槐花的未开放花蕾。味苦性凉，具清热、凉血、止血之功。槐花的主要化学成分为芦丁，又名芸香苷，含量可达 12％~16％。

芦丁是由槲皮素（quercetin）3 位上的羟基与芸香糖（rutinose）〔为葡萄糖（glucose）与鼠李糖（rhamnose）组成的双糖〕脱水合成的苷。为浅黄色粉末或极细的针状结晶，含有三分子结晶水，熔点为 174℃~178℃，无水物 188℃~190℃。溶解度：

冷水中为 1∶10000；热水中 1∶200；冷乙醇 1∶650；热乙醇 1∶60；冷吡啶 1∶12。微溶于丙酮、乙酸乙酯，不溶于苯、乙醚、氯仿、石油醚，溶于碱而呈黄色。

芦丁具有维生素 P 样作用。可降低毛细管前壁的脆性和调节渗透性，有助于保持及恢复毛细血管的正常弹性；临床上用作毛细管脆性引起的出血症，并常用作防治高血压病的辅助治疗剂。现在也常用芦丁作食品及饮料的染色剂。

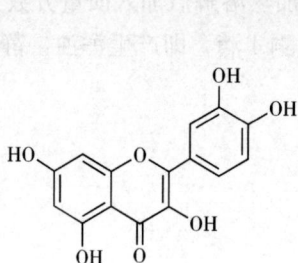

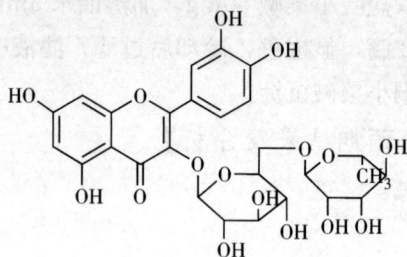

槲皮素   槲皮素-3-O-葡萄糖-O-鼠李糖

本实验主要是利用芦丁中含有较多的酚羟基，可溶于碱中，加酸酸化后又可析出芦丁结晶的性质，采用碱溶酸沉法提取，并用芦丁对冷热水的溶解度相差悬殊的特性进行精制。芦丁可被稀酸水解，生成槲皮素及葡萄糖、鼠李糖，并能通过纸层析鉴定。芦丁及槲皮素还可通过化学反应及紫外光谱鉴定。

【实验器材】

1. 实验仪器

电子天平，250mL 圆底烧瓶，回流装置，蒸馏装置，抽滤装置等。

2. 实验试剂

槐米，石灰乳，0.4%硼砂水溶液，2%的硫酸溶液，浓盐酸，正丁醇，醋酸，氨水，1%氢氧化钠溶液，1%三氯化铝乙醇溶液，1%葡萄糖溶液，1%鼠李糖溶液，1%芦丁乙醇溶液，1%槲皮素乙醇溶液，95%乙醇，碳酸钡，广泛 pH 试纸，定性滤纸和中速层析滤纸等。

【实验步骤】

1. 提取

称取槐米 30g，在乳钵中研碎后，投入 300mL 0.4%硼砂溶液的沸水溶液中煮沸 2~3 分钟，在搅拌下加入石灰乳调 pH=9，煮沸 40 分钟（注意添加水，保持原有体积，保持 pH=8~9），趁热倾出上清液，用棉花过滤。残渣加 100mL 水，加石灰乳调 pH=9，煮沸 30 分钟，趁热用棉花过滤，二次滤液合并。滤液保持在 60℃，加浓 HCl，调 pH 值 2~3，放置过夜，则析出芦丁沉淀。

加 0.4%硼砂水溶液 200mL，在搅拌下加石灰乳调 pH 值至 8~9，加热，煮沸 15 分钟，随时补充失去的水分，保持 pH=8~9，倾出上清液，用四层纱布过滤；同样操作再提取一次。合并两次滤液，放冷，并用盐酸调 pH 值至 2~3，放置过夜，待析出结晶，过滤，滤饼用蒸馏水洗至 pH=5~6，抽干，置空气中晾干，得粗制芦丁，称重，计算得率。

2. 精制

将芦丁粗品悬浮于蒸馏水中，煮沸至芦丁全部溶解，加少量活性炭，煮沸 5～10 分钟，趁热抽滤，冷却后即可析出结晶，抽滤至干，置空气中晾干，或 60℃～70℃ 干燥，得精制芦丁，称重，计算得率。

3. 水解

取芸香苷 1g，研碎，加 2％硫酸水溶液 80mL，小火加热，微沸回流 30～60 分钟，并及时补充蒸发掉的水分。在加热过程中，开始时溶液呈浑浊状态，约 10 分钟后，溶液由浑浊转为澄清，逐渐析出黄色小针状结晶，即水解产物槲皮素，继续加热至结晶物不再增加时为止。抽滤，保留滤液 20mL，以检查滤液中的单糖。所滤得的槲皮素粗晶水洗至中性，加 70％乙醇 80mL 加热回流使之溶解，趁热抽滤，放置析晶。抽滤，得精制槲皮素。减压下 110℃ 干燥，可得槲皮素无水物。

4. 鉴定

芦丁、槲皮素及糖的检识：

(1) 测定产物的熔点　参考值：174℃～178℃。

(2) 颜色反应

①α-萘酚-浓硫酸（Molisch）试验：取芦丁少许置于试管中，加乙醇 1mL 振摇，加 α-萘酚试剂 2～3 滴振摇，倾斜试管，沿管壁徐徐加入 0.5mL 浓硫酸，静置，观察两层溶液界面变化。出现紫红色环者为阳性反应，表示试样的分子中含有糖的结构，糖和苷类均呈阳性反应，比较芦丁和槲皮素的不同。

②盐酸-镁粉试验：取芸香苷少许置于试管中，加 5％乙醇 2mL，在水浴中加热溶解，滴加浓盐酸 2 滴，再加镁粉约 50mg，即产生剧烈的反应。溶液逐渐由黄色变为红色。

③三氯化铁试验：取样品水或乙醇液，加入三氯化铁试剂数滴，观察颜色变化。

④三氯化铝试验：取芦丁少许置于试管中，加入甲醇 1～2mL，在水浴中加热溶解，加 1％三氯化铝甲醇试剂 2～3 滴，呈鲜黄色。以同样方法试验槲皮素。

⑤醋酸镁试验：取芦丁少许置于试管中，加入甲醇 1～2mL，在水浴中加热溶解，加 1％醋酸镁甲醇试剂 2～3 滴，呈黄色荧光反应。以同样方法试验槲皮素（反应也可在滤纸上进行，观察荧光）。

⑥氧氯化锆-枸橼酸试验：取芦丁少许置于试管中，加甲醇 1～2mL，在水浴上加热溶解，再加 2％氧氯化锆甲醇试剂 3～4 滴，呈鲜黄色。然后加 2％枸橼酸甲醇试剂 3～4 滴，黄色变浅，加蒸馏水稀释变无色。以同样方法试验槲皮素进行对照。

⑦氢氧化钠试验：取芸香苷少许置于试管中，加水 2mL 振摇，观察试管中有无变化。滴加 1％氢氧化钠溶液数滴，振摇使溶解，呈黄色澄清溶液。再加入 1％盐酸溶液数滴使呈酸性反应，则溶液由澄清转为浑浊状态。

【实验预期结果及分析】

芦丁：　　克

状态：

【要点提示及注意事项】

1. 本实验采用碱溶酸沉法从槐米中提取芦丁，收率稳定，且操作简便。在提取前应注意将槐米略捣碎，使芦丁易于被热水溶出。

2. 槐花中含有大量黏液质，加入石灰乳使生成钙盐沉淀除去。

3. pH 值应严格控制在 8～9，不得超过 10。因为在强碱条件下煮沸，时间稍长可促使芦丁水解破坏，使提取率明显下降。酸沉一步 pH 值为 2～3，不宜过低，否则会使芦丁形成盐溶于水，降低收率。

4. 提取过程中加入硼砂水的作用：即能调节碱性水溶液的 pH，又能保护芦丁分子中的邻二酚羟基不被氧化，亦保护邻二酚羟基不与钙离子络合，使芦丁不受损失。

5. 芦丁的提取方法除了用碱溶酸沉法外，还可利用其在冷水及沸水中的溶解度不同，采用沸水提取法。

6. 槲皮素以乙醇重结晶时，如所用的乙醇浓度过高（90％以上），一般不易析出结晶。此时可于乙醇溶液中滴加适量蒸馏水，使呈微浊状态，放置，槲皮素即可析出。

【思考题】

1. 本实验提取过程中应注意哪些问题？

2. 根据芸香苷的性质还可采用何种方法进行提取？简要说明理由。

3. 可以从哪几个方面对芦丁进行鉴定？

4. 苷类水解有几种催化方法？

第七章　有机化合物性质实验 ▷▷▷▷

实验十九　醛和酮的性质

【实验目的】

掌握醛酮化合物典型的化学性质实验。

【实验原理】

醛、酮在结构上都含有相同的官能团羰基，由于结构上的相似性，使醛、酮具有一些相同的反应性；又由于醛基与酮基在结构上的差异，也使醛、酮在反应中又表现出不同的特点。

羰基化合物的典型反应是亲核加成反应，其中与含氮的亲核试剂，如氨衍生物 NH_2-Y，在弱酸条件下反应，可分别生成肟、腙、缩氨脲等产物，此反应常用于羰基化合物的鉴别和分离提纯。在分离提纯时多用苯肼，而在定性分析时则多用 2,4-二硝基苯肼，它与醛、酮的加成产物一般是黄色结晶。醛的特征反应是可被吐伦（Tollen）试剂、斐林（Fehling）试剂氧化，可与希夫（Schiff）试剂显色，这些反应可用于区别醛与酮。甲基酮则常用与亚硫酸氢钠的加成及碘仿反应进行鉴别。

【实验器材】

1. 实验仪器

试管，水浴锅。

2. 实验试剂

2,4-二硝基苯肼溶液，乙醛，丙酮，苯甲醛，苯乙酮，饱和亚硫酸氢钠溶液，3-戊酮，5%稀盐酸，乙醇，异丙醇，1-丁醇，碘-碘化钾溶液，5%、10%氢氧化钠溶液，10%硝酸银溶液，2%氨水，斐林试剂 A，斐林试剂 B，浓硫酸，浓硝酸。

【实验步骤】

1. 醛、酮的亲核加成反应

（1）与 2,4-二硝基苯肼的反应　在四支小试管中各装入 2,4-二硝基苯肼溶液 1mL，分别加入乙醛、丙酮、苯甲醛、苯乙酮各 1～2 滴摇匀后静置，观察有无结晶析出，并注意结晶的颜色。

（2）与亚硫酸钠的加成　在四支小试管中分别装入 2mL 新配制的饱和亚硫酸氢钠溶液，分别滴加丙酮、3-戊酮、苯甲醛、苯乙酮各 6～8 滴，激烈震荡，置冰水中冷却数分钟，观察有无沉淀析出，注意比较其析出的相对速度。将生成的结晶加 5％稀盐酸 2～3mL，用力振摇，观察有何现象并解释之。

2. 碘仿反应（醛、酮 α-H 的活泼性）

取五支试管，分别加入 3 滴乙醛、丙酮、乙醇、异丙醇、1-丁醇，然后各加入 0.5mL 碘-碘化钾溶液，此时溶液呈深红色，然后滴加 5％氢氧化钠溶液至溶液深红色刚好消失为止，振摇后观察试管中是否有沉淀立即产生，是否嗅到碘仿的气味。如果出现白色乳浊液，应该将其置于 50℃～60℃水浴温热几分钟，再观察现象如何。

3. 醛、酮的鉴别反应

（1）与吐伦（Tollen）试剂反应　取五支洁净试管，各加入银氨溶液 1mL，再加入乙醛、丙酮、苯甲醛、苯乙酮 2～3 滴，摇匀放置数分钟，观察现象。若还无变化，可将试管于 50℃～60℃的水浴中加热，观察并比较现象。

（2）与斐林（Fehling）试剂反应　取四支试管各加入 1mL 斐林试剂 A 和 1mL 斐林试剂 B 用力振摇。然后分别滴加 10 滴甲醛、乙醛、丙酮及苯甲醛，边加边摇动试管。摇匀，将四支试管一起放入沸水中加热 3～5 分钟。注意观察有何现象并解释之。

【实验预期结果及分析】

记录每一步实验现象并解释之。

【要点提示及注意事项】

1. 2,4-二硝基苯肼溶液的配制：取 2,4-二硝基苯肼 1g 溶于 7.5mL 浓硫酸中，再加 95％乙醇 75mL 和蒸馏水 170mL，搅拌均匀后过滤，滤液放置在棕色瓶中保存。

2. 碘-碘化钾溶液的配制：先将 25g 碘化钾溶于 100mL 蒸馏水，再加 12.5g 碘，搅拌溶解即可。

3. 碘仿反应试验中加入氢氧化钠的用量不要过多，加热时间不宜太长，温度不能过高，否则生成的碘仿再消失，造成判断错误。

4. 吐伦试剂久置后形成雷银（AgN_3）沉淀，容易爆炸，故必须临用时配制，配制时氨水不能过量，否则将影响该试剂的灵敏度。

5. 银镜试验时所用的试管若不够洁净，则阳性反应时也不能生成光亮银镜，仅能生成黑色絮状沉淀。反应完毕后，用浓硝酸溶解试管中生成的银镜。

6. 斐林试剂的配制：将 7g 硫酸铜晶体（$CuSO_4 \cdot 5H_2O$）溶于 100mL 蒸馏水中，加入 0.1mL 浓硫酸，混匀得斐林试剂 A。取 34.6g 酒石酸钾钠（$KNaC_2H_4O_6 \cdot 4H_2O$）和 14g 氢氧化钠溶液溶于 100mL 蒸馏水中，即得斐林试剂 B。两种溶液分别保存，临用时等量混合。

【思考题】

1. 醛、酮与亚硫酸氢钠的加成反应中，为什么亚硫酸氢钠溶液必须是饱和溶液？又为什么要新配制？

2. 为了使碘仿尽快生成，有时碘仿反应需加热，能否用沸水浴加热？为什么？

实验二十　糖类化合物的性质

【实验目的】

掌握糖类化合物典型的化学性质实验。

【实验原理】

糖类化合物是一类多羟基的内半缩醛、酮及其聚合物。按其水解情况的不同，糖类化合物可分为单糖、低聚糖（常见的为双糖）和多糖三大类。

1. 单糖的性质

单糖的性质包括一般性质与特殊性质。一般性质主要表现为羰基的典型反应（如与羰基试剂加成）及羟基的典型反应（如酯化反应）。特殊性质有水溶液中的变旋现象；与苯肼成脎；稀碱介质中的差向异构化；半缩醛、酮羟基与含羟基的化合物成苷；氧化反应（醛糖能被溴水温和氧化为糖酸；醛、酮糖都能被吐伦试剂、斐林试剂氧化；被稀硝酸氧化为糖二酸；被高碘酸氧化断链成甲醛或甲酸）；强酸介质中与酚类化合物缩合而呈现颜色反应（如 Molish 反应、Seliwanoff 反应）等。

2. 双糖的性质

双糖根据分子中是否还保留有原来一个单糖分子的半缩醛羟基而分成还原性双糖（如麦芽糖、乳糖、纤维二糖）与非还原性双糖（如蔗糖）。还原性双糖由于分子中还保留原来单糖分子的一个半缩醛羟基，水溶液中能开环成开链的醛式而表现出还原性（能被吐伦试剂或斐林试剂氧化）、变旋现象及成脎反应。非还原性双糖由于分子中没有半缩醛羟基而没有上述性质。双糖分子可在酸或酶催化下水解成单糖而表现出单糖的还原性。

3. 多糖的性质

多糖由上千个单糖单元缩合而成，难溶于水，无甜味，无还原性，能被酸或酶催化而水解成单糖。

淀粉是一种常见的多糖，在酸或酶催化下水解，可逐步生成分子较小的多糖，最后水解成葡萄糖：淀粉→糊精→葡萄糖。碘与淀粉显蓝紫色，与不同分子量的糊精显红色或黄色，糖分子量太小时，与碘不显色。常用碘实验对淀粉进行定性分析及检验淀粉的水解程度。

【实验器材】

1. 实验仪器

试管，水浴锅。

2. 实验试剂

2%葡萄糖，2%果糖，2%蔗糖，2%麦芽糖，2%乳糖，1%淀粉，吐伦试剂，斐林试剂 A，斐林试剂 B，10%氢氧化钠，2%氨水，15%α-萘酚乙醇溶液，浓硫酸，间苯二酚-盐酸试剂，苯肼试剂，0.01%碘溶液，2%硫酸，浓盐酸，蒸馏水，pH 试纸等。

【实验步骤】

1. 糖的还原性

(1) 与吐伦试剂的反应　取4支试管，各加入吐伦试剂1mL，然后分别加入4滴2%葡萄糖、2%果糖、2%蔗糖、2%麦芽糖溶液，摇匀，将试管同时放入50℃~60℃水浴中加热，观察有无银镜生成。

(2) 与斐林试剂的反应　取5支试管，各加入1mL斐林试剂A和1mL斐林试剂B，混匀，然后分别加入4滴2%葡萄糖、2%果糖、2%蔗糖、2%麦芽糖、1%淀粉溶液，摇匀，将试管同时放入沸水浴加热2~3分钟，然后取出冷却，观察并比较现象。

2. 糖的显色反应

(1) Molish反应　取5支试管，各加入2%葡萄糖、2%果糖、2%蔗糖、2%麦芽糖、1%淀粉溶液1mL，再向试管中加入4滴新配制的Molish试剂（15%α-萘酚乙醇溶液）。混合均匀后，将试管倾斜，沿着试管壁徐徐加入浓硫酸1mL（注意不要摇动），硫酸与糖溶液明显分为两层。观察液面交界处有无紫色环出现。若数分钟内无颜色变化，可在水中温热，再观察结果。

(2) Seliwanoff反应　取4支试管，分别加入10滴间苯二酚-盐酸试剂，再各滴入2滴2%葡萄糖、2%果糖、2%蔗糖、2%麦芽糖溶液，混合均匀后，将试管同时放入沸水浴中加热2分钟，观察并比较试管中出现颜色的次序。

3. 糖脎的形成

取3支试管，各加入2%葡萄糖、2%蔗糖、2%乳糖溶液2mL，再分别加入1mL新鲜配制的苯肼试剂，摇匀，取少量棉花塞住试管口，同时放入沸水浴中加热煮沸，随时将出现沉淀的试管取出，并记录时间。加热20~30分钟以后，将所有试管取出，让其自行冷却，比较各试管产生糖脎的顺序。取出少量沉淀晶体，用显微镜观察各种糖脎的晶型。

4. 淀粉的碘试验

在试管中加入10滴1%淀粉溶液，再加入1滴0.01%碘溶液，观察现象。将试管放入沸水浴中，加热5~10分钟，观察有何变化；取出冷却后，结果又如何。解释以上现象。

5. 糖类的水解

(1) 蔗糖的水解　取两支试管，分别加入2%蔗糖0.1mL和蒸馏水1~2mL，然后向一支试管内加入3~5滴2%硫酸溶液，向另一支试管中加入3~5滴蒸馏水，混合均匀后，将两支试管同时放入沸水浴中加热10~15分钟。取出两支试管，冷却后第一支试管用10%氢氧化钠溶液中和至中性，然后向两支试管中各加入1mL本尼迪克试剂，摇匀，将两支试管同时放入沸水浴中加热2~3分钟，观察并比较两支试管的颜色变化，解释现象。

(2) 淀粉的酸水解　取一个小烧杯加入1%淀粉溶液10mL和3滴浓盐酸，放在沸水浴中加热，每隔5分钟从烧杯中取出1滴淀粉水解液在白瓷点滴板上做碘试验，直到不再起碘反应为止（30分钟）。然后取下小烧杯，向其中滴加10%氢氧化钠溶液至弱碱性为止（pH 试纸检测）。另取两支试管分别加入淀粉水解液 1mL 和 1%淀粉溶液 1mL，各滴加 4 滴本尼迪特试剂，摇匀后同时放入沸水浴中加热 2～5 分钟，观察现象变化并解释之。

【实验预期结果及分析】

记录每一步实验现象并解释之。

【要点提示及注意事项】

1. 斐林试剂的配制：见醛、酮性质实验。

2. Molish 反应很灵敏，在试验时如不慎有滤纸碎片落入试管，也会得到阳性结果。某些化合物，如甲酸、丙酮、乳酸和草酸等都呈阳性结果。所以只能用阴性结果来判断糖类化合物的不存在。

3. 间苯二酚-盐酸试剂的配制：取 0.01g 间苯二酚溶于 10mL 浓盐酸和 10mL 水，混合均匀即成。

4. Seliwanoff 反应是鉴定酮糖的特殊反应。酮糖与盐酸共热生成糠醛衍生物，再与间苯二酚形成鲜红色的缩合物。在试验中，酮糖变为糠醛衍生物的速度比醛糖快 15～20 倍。若加热时间过长，葡萄糖、麦芽糖、蔗糖也有阳性结果。另外，葡萄糖浓度高时，在酸存在下，能部分转化为果糖。因此进行本试验时应注意：盐酸和葡萄糖的浓度均不得高于 12%，观察颜色或沉淀的时间不得超过加热后 20 分钟。

5. 苯肼试剂的配制：取苯肼盐酸盐 20g，加水 200mL，微热溶解，再加入活性炭 1g 脱色，过滤后贮存于棕色瓶中。

【思考题】

1. 还原性糖与非还原性糖在结构和性质上有何不同？

2. 哪些糖类能形成相同的糖脎？为什么？

3. 蔗糖与本尼迪特或吐伦试剂长时间加热时，有时也能得到阳性结果，怎样解释此现象？

第二部分　物理化学实验

第八章　物理化学实验简介 ▷▷▷

　　物理化学实验是借助于当代物理学的基本原理、技术、手段、仪器和设备，运用数学工具来研究和探讨物质系统的物理化学性质和化学反应规律的一门实验科学。物理化学实验综合了化学领域中各分支所需要的基本研究工具和方法，加深了学生对物理化学理论的理解，是物理化学教学中的重要环节。物理化学实验作为一门课程单独开设，在实验手段和实验步骤等方面，和其他基础化学实验相比，又有着明显的区别。

第一节　物理化学实验的目的和要求

一、物理化学实验的目的

　　进行物理化学实验时，学生应虚心学习、勤于动手、善于思考，认真做好每个实验，并达到以下目的。

　　1. 验证物理化学基本原理，巩固和加深对物理化学基本原理的理解，练习常用仪器的使用操作技能和方法。

　　2. 培养和锻炼正确记录数据、处理数据和分析实验结果的能力，培养严肃认真、实事求是的科学态度和作风。

　　3. 掌握物理化学实验的基本方法和技能，能够根据所学原理设计实验、正确选择和使用仪器，提高对化学知识的灵活运用能力。

二、物理化学实验的要求

　　学生应严格遵守物理化学实验室的规章制度，对实验室的安全操作应予以特别重视。若两人一组实验，则应合理分工合作，统筹安排实验时间，一般不允许三个人一组。

1. 实验前

要求必须预习，在充分预习的基础上写出实验预习报告。学生在预习时要做到：了解实验目的和原理，了解本次实验所用到的仪器的构造、原理和使用方法，对实验的过程与步骤做到心中有数，还需特别留意实验教材中的注意事项，了解如何记录、处理实验数据。必要时提前到实验室熟悉仪器的操作。

2. 实验中

正确记录实验数据与现象。学生在实验过程中应认真仔细观察实验现象，按照实验设计，实事求是地在编有页码和日期的实验记录本上记录实验数据。数据记录要表格化，字迹要整齐清楚，不可随意记录在纸片或者实验教材上。

3. 实验后

按要求及时写出实验报告。学生在实验结束后根据观察的实验现象与记录的实验数据，仔细思考认真分析，并如实写出实验报告。

另外，还需认真阅读教师针对实验报告的反馈意见，并进行整改。

三、如何书写物理化学实验的预习报告和实验报告

为保证实验的顺利、快速进行，少走弯路，做物理化学实验前应主动预习，并写出简单的预习报告。实验结束后，针对自己的实验过程和实验结果要写出实验报告。学生应该写出合格的预习报告和实验报告。

1. 预习报告的写法

预习报告的内容包括实验的目的、原理和意义，实验注意事项，实验数据记录表格。实验前预习与否决定了实验的效果，所以要养成实验前预习的好习惯。对于实验要点提示和注意事项要格外注意，预先回答课后思考题。

2. 实验报告的写法

实验报告的内容大致可分为实验目的和原理、实验装置、实验条件（温度、大气压、试剂、仪器精密度）、实验步骤、原始实验数据、数据的处理、作图及分析讨论。实验报告的重点应该在对实验数据的处理和对实验结果的分析及讨论上。这种讨论一般包括对实验现象的分析和解释，对实验结果的误差分析，对实验的改进意见，以及心得体会和查阅过的文献目录等，实验报告中不必写思考题。在条件允许的情况下，实验数据一般采用计算机处理，具体方法参考第九章第二节。

第二节　物理化学实验的安全事项

物理化学实验室用到的精品仪器较多，这些仪器多数需要电源，电源线和数据线较多，部分实验还需要同时用到水浴控温装置，因此需格外注意水电安全。

在使用电器的时候，连接电器的电线应该尽量放置在仪器后部，若必须使用插线板，应将其放置在远离水源处。同时在使用玻璃仪器进行溶液配制等操作时，应远离电子仪器，以免偶然的操作失误对仪器造成伤害。

在使用冷凝水的时候，流速不可过大，冷凝乳胶管和仪器的连接要紧密，禁止出现弯折现象，另外长度要合适，不可过长或者过短，不使用老化的乳胶管。一旦出现乳胶管断开、崩裂导致冷凝水喷出，应立即用干手切断电源，并处理水渍，确认仪器未受到损害后，方可重新开始实验。

实验室废液会对环境造成污染，应采用正确的处理方法，按照实验老师的要求倒入指定的废液收集器中，切不可随意倒入水槽和下水道中。

第九章　物理化学实验数据的常见处理方法 ▷▷▷

物理化学实验过程往往产生大量的实验数据，掌握正确的数据处理方法，可以提高实验报告的完成质量。目前数据处理的主要方法有人工处理法和计算机辅助处理法。

第一节　实验数据的人工处理法

物理化学实验数据的人工处理方法主要有以下两种。

一、列表法

利用表格使数据整齐、规律地表达出来，便于检查、处理和运算，此法称为列表法。列表时应注意以下几点。

1. 表格必须有简明而完备的名称，常称为表头。

2. 表格的每一行、列的首栏上，详细写上数据变量的名称及单位。

3. 表格中的数据应化为最简单的形式表示，公共的乘方因子应在第一栏的名称下注明。

4. 数据排列要整齐，位数和小数点要对齐，要特别注意有效数字的位数。

5. 原始数据与结果可并列在一张表上，但要把处理方法和运算公式在表下注明。

二、绘图法

把实验数据按照一定关系拟合出一条曲线，直观地表示各个测量值之间的关系，直接反映出数据变化的特点，如出现极大、极小或发生转折等，根据所绘曲线，求外推值或经验方程、作切线求函数的微商、求算某些物理量，从而得到所需的结果。这种处理实验数据的方法，称为绘图法。绘图时遵循的步骤及原则有如下几点。

1. 坐标纸和比例尺的选择

最常用的是直角坐标纸，有时也用半对数或全对数坐标纸，三组分系统相图的绘制实验则使用三角坐标纸。

用直角坐标纸作图时，以自变量为横轴，因变量为纵轴，横轴与纵轴上的分度不一定从 0 开始，应视具体情况而定。坐标轴上分度的选择极为重要，应遵守下述规则：要能表示出全部有效数字，以使从作图法求出的物理精确度与测量的精确度相适应；坐标轴上每小格所对应数值应简便易读，便于计算，一般取 1、2、5 等。若选择不当，将使曲线的某些相当于极大、极小或折点的特殊部分不能显示清楚。

除上述要求之外，应考虑充分利用坐标纸的全部面积，使全图布局匀称合理；若所作图形是直线，分度的选择应使其直线和坐标轴夹角大致呈 45°。

2. 坐标轴的画法

坐标的分度选定后，画上坐标轴，在轴旁注明该轴所代表变数的名称及单位。在纵轴之左及横轴下面每隔一定距离写下该处变数之值，以便作图及读数。纵轴分度自下而上，横轴自左至右。

3. 测量点的绘制

将测得的数据以点描绘于坐标纸上即可，一般用"o"代表各点，若在同一图上表示几组测量数据时，应用不同的符号加以区别，如"△""⊙""□"等。

4. 曲线的绘制

此步骤是整个绘图法最关键的一步。在做出各测量点之后，用铅笔及曲线板或曲线尺做出尽可能接近于各点的曲线，曲线应光滑均匀、细而清晰。曲线不必通过所有的点，要求曲线两旁的点数，应近似相等。要使曲线和点间的距离的平方和（表示数据误差）为最小，并且曲线两旁各点与曲线间的距离应近于相等。

5. 图名的标注

曲线作好后，应写上详细的图名，标明坐标轴代表的物理量及比例尺，注写主要的测量条件，如温度、压力等。几组数据在同一个图中时，应对数据点分别加以标注说明。

6. 切线的作法

有时需要作出曲线的切线，以便进一步处理数据，得到实验需要的结果，因此需要掌握切线的作法。通常可采用下面两种方法。

（1）镜像法　若需在曲线上任一点 Q 作切线，可取一平面反光镜垂直放于图纸上，使镜面和曲线的交线通过 Q 点，并以 Q 点为轴，旋转平面镜，待镜外的曲线和镜中的曲线的像成为一条光滑曲线时，沿镜边缘作直线 AB，这就是法线。通过 Q 点作 AB 的垂线 CD，CD 线即为切线，见图 9-1（a）。

（2）平行线法　在所选择的曲线段上，作两条平行线 AB 与 CD，作此两段的中点连线 EF，与曲线相交于 Q，通过 Q 作 AB、CD 相平行的直线，该线即为此曲线在 Q 点的切线，见图 9-1（b）。

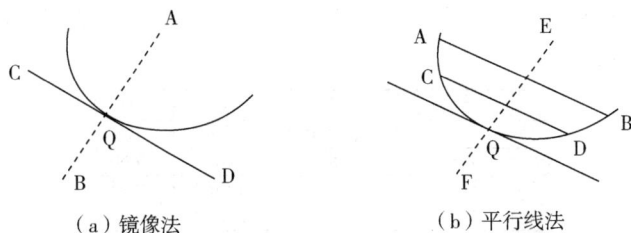

（a）镜像法　　　（b）平行线法

图 9-1　切线的作法示意图

第二节 实验数据的计算机辅助处理法

随着计算机的普及，采用数据处理软件进行大量的数据处理可以帮助学生省去人工处理数据的麻烦，同时使物理化学实验数据的处理更加科学和规范。

一、不同类型实验的计算机辅助处理实验数据

（1）用实验数据作图或对实验数据计算后作图，然后线性拟合，由拟合直线的斜率或截距求得需要的参数类型的实验，可在计算机上使用 Excel 或 Origin 软件完成。如"液体饱和蒸气压的测定""一级反应蔗糖的转化速率测定""黏度法测定高分子的摩尔质量"等实验。

（2）非线性曲线拟合，作切线，求截距或斜率类型的实验，可用 Origin 软件在计算机上完成。如"溶液的表面张力的测定（最大气泡法）"实验。

二、Excel 软件处理物理化学实验数据

例如，Excel 软件处理乙醇液体的蒸气压测定的实验。

乙醇蒸气压和温度之间的关系可以表示为：$\ln p = -\dfrac{\Delta_{vap}H_m}{RT} + K$，实验测定 p，显然 $\ln p$ 对 $1/T$ 作图可以得到一条直线，从直线的斜率可以得到汽化热 $\Delta_{vap}H_m$。实验测定数据如表 9-1。

表 9-1 乙醇蒸气压和温度关系测定

温度（K）	压差 Δp（$\times 10^3$Pa）	蒸气压（$\times 10^3$Pa）	$\ln p$	$1/T$（$\times 10^{-3}$K^{-1}）
303	−86.46	13.54	9.60	3.30
308	−85.22	14.78	9.83	3.25
313	−81.34	18.66	10.06	3.19
323	−76.59	23.41	10.30	3.14
328	−70.34	29.66	10.52	3.09
333	−62.80	37.2	10.75	3.05

（1）启动 Excel 软件（以微软 office2003 为例），输入实验数据，根据需要输入计算公式。如图 9-2 所示。

	A	B	C	D
1	T	$1/T$（$\times 10^{-3}$）	$\triangle p$	$\ln p$
2	308	3.25	14680	9.60
3	313	3.19	18560	9.83
4	318	3.14	23310	10.06
5	323	3.10	29560	10.30
6	328	3.05	37100	10.52
7	333	3.00	46500	10.75

图 9-2 实验数据截图

（2）作图：

①用鼠标同时选择作图数据区域 B 列和 D 列。

②单击"插入"，在列出的工具栏中点击"散点图"，在拉出的新工具栏中选择第一个"仅带数据标志的散点图"。

③单击工具栏中的"图表布局"中第一个布局。在图中点击图标题，将内容改为"ln$p\sim1/T$ 关系图"，并用鼠标将其拖到图形底部区域。并更改坐标轴标题，且注明单位（注意修改字体）。然后用鼠标把坐标轴标题拉到合适的位置，达到美观的效果。

④单击图形区域的网格线，按下 Delete 键，删除之，单击图形右侧的图例，删除之。

⑤单击绘图区，通过鼠标拉取边界调整区域大小呈近似正方形，并拖至合适的位置。

⑥分别用鼠标右键点击横坐标和纵坐标，在弹出的菜单中选择"设置坐标轴格式"，在弹出的对话框中的"主要刻度线类型"中选择"外部"，画出做标注刻度线。

⑦在绘图区单击某一个数据点，待数据点全部选中后，点击鼠标右键，选择"添加趋势线"，弹出对话框。在"趋势预测/回归分析类型"中，选"线性"。在下面的复选框中选中"显示公式"和"显示 R 平方值"，单击"关闭"按钮，并拖动公式于合适区域。最终结果如图 9-3 所示。

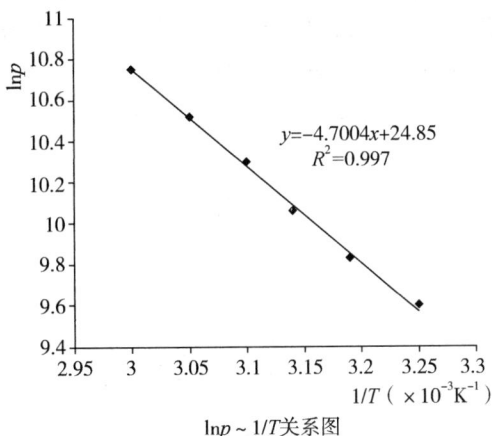

$y=-4.7004x+24.85$
$R^2=0.997$

ln$p\sim1/T$关系图

图 9-3　微软 Excel 软件绘图结果

三、Origin 软件处理物化实验数据

Origin 为 OriginLab 公司出品的较流行的专业函数绘图软件，是公认的简单易学、操作灵活、功能强大的软件，既可以满足一般用户的制图需要，也可以满足高级用户数据分析、函数拟合的需要。具体操作方法详见相关软件介绍，在此不再赘述。

第十章 常用物理化学参数的测定 ▷▷▷▷

实验一 溶解热的测定

【实验目的】

1. 熟悉电热补偿法测定物质溶解热的原理及方法。
2. 掌握贝克曼温度计的使用方法。

【实验原理】

1. 溶解热的定义

物质在溶剂中的溶解过程，由于晶格被破坏、离子或分子发生溶剂化作用，会产生吸热或者放热现象。溶解过程所产生的热效应的总和称为溶解热（用 Q_p 表示）。溶解热的大小取决于体系的温度、压力、溶剂和溶质的性质。溶解热分为积分溶解热和微分溶解热。

积分溶解热是指在定温定压下，1mol 溶质溶解在一定量的溶剂中形成某一浓度的溶液时所产生的热效应，记作 $\Delta_{isol}H_m$，单位为 $J \cdot mol^{-1}$。

2. 溶解热测定

本实验的积分溶解热是通过量热法直接测定的。量热法所用仪器称为量热计，如图 10-1 所示。

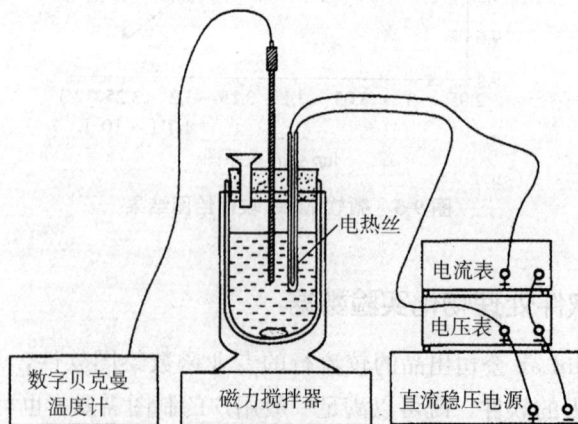

图 10-1 溶解热测定装置示意图

由热力学原理可知，$\Delta_{isol}H_m = C_p\Delta T$。其中，$C_p$ 为量热计中各种物质（包括水溶液、温度计、保温瓶、搅拌磁子等）的热容，它不仅不易算出，而且随温度变化，是一个很难通过计算得到的量。因此，在和待测热量接近相等的 ΔT 范围内，对量热系统通电加热，假设消耗的电能为 $Q_{电}$，再测出 $\Delta T_{电}$（通电过程中体系温度升高值），由 $Q_{电}=C_p\Delta T$ 可求出 C_p。再使样品在量热计中溶解，测出 $\Delta T_{待测}$（物质溶解过程温度的降低值），由 $C_{p}\Delta T_{待测}=\Delta_{isol}H_m$，算出溶解热 $\Delta_{isol}H_m$。这就是溶解热测量的基本原理。

本实验所用溶质 KNO_3 溶于水的过程是吸热过程，故可以采用电热补偿法求出热容 C_p。

KNO_3 溶解后，系统温度下降。在电加热器中通过一定的电流 I，通电一段时间后，系统由温度的最低值沿原途径升高到 KNO_3 溶解前的初始温度。

$$C_p=\frac{Q_{电}}{\Delta T_{电}}=\frac{UIt}{\Delta T_{电}}=\frac{\Delta_{isol}H_m}{\Delta T_{待测}} \tag{10-1}$$

本实验用贝克曼温度计测量系统温差。在量热过程中，应使 $\Delta T_{电}$ 和 $\Delta T_{待测}$ 落在同一温度区域内，数值应尽量接近，这样由于温度计本身的不均匀性所产生的误差就可以抵消掉。

本实验先测样品溶解时温度的改变量 $\Delta T_{待测}$，系统温度降至最低点时，用电加热器对系统加热，使系统温度回升到原值，以求出热容 C_p。

由于

$$\Delta_{isol}H_m=\frac{C_p\Delta T_{待测}}{n_B}=C_p\Delta T_{待测}\frac{M}{W} \tag{10-2}$$

式中，n_B 为 KNO_3 物质的量，M 为 KNO_3 的摩尔质量，W 为 KNO_3 的实际溶解量。

将式（10-2）带入式（10-1），得

$$\Delta_{isol}H_m=\frac{UIt}{\Delta T_{电}}\Delta T_{待测}\frac{M}{W} \tag{10-3}$$

由式（10-3）即可求出 KNO_3 的积分溶解热。

【实验器材】

1. 实验仪器

分析天平 1 台（千分之一）；溶解热测定装置一套（型号：SWR-RJ，内含 SWC-II$_D$ 数字贝克曼温度计、WLS-2 数字恒流源、磁力搅拌器、计时器）；反应器（杜瓦瓶）1 个；短柄漏斗 1 个；干燥器 1 个；称量瓶 6 个。

2. 实验试剂

硝酸钾（分析纯）。

【实验步骤】

1. 在分析天平上分别准确称取 2.5g、1.5g、2.0g、3.0g、3.5g、4.0g 硝酸钾（磨细呈粉末状），并编号放入干燥器待用。检查漏斗是否干燥，如有水珠，用吸水纸擦干待用。

2. 连接正负极导线，将温度计传感器的插头插入装置后面板上的传感器接口（注意：槽口对准，否则温度计无法正确显示读数），接通电源，并将前面板电源开关置于"开"的位置。

3. 称取 260g（或者量取 260mL）蒸馏水倒入反应器中，加入磁子，调节调速按钮，使转速适中（注意：调速按钮调节过高，磁子反而不转），盖好反应器盖子，插入温度计探头（注意不要插入太深，以免影响磁子旋转），记下此时蒸馏水的温度（亦即环境温度）。

4. 按下"状态转换"按钮，使仪器处于测试状态，此时开始加热，调整加热功率为 2.5W（加热过程如有变化，请及时调节功率，使之保持恒定）。当加热至比环境温度高 0.5℃时，按下"状态转换"按钮，使仪器处于待机状态，并迅速按下"温度采零"键（此时温差显示为：0.000℃），之后再次迅速按下"状态转换"按钮，使仪器处于测试状态，同时加入第一份硝酸钾样品，并立即盖上软口塞。此时仪器自动开始计时。

5. 待温差再次恢复到 0.000℃（此时体系温度恢复至加样时的温度），立即记下加热时间，同时加入第二份样品。

6. 同步骤 5，依次加入剩余样品，直至实验结束。

7. 实验完毕，关闭电源，倒去杜瓦瓶中的溶液（注意勿丢弃搅拌子），洗净烘干，用蒸馏水洗涤加热器和测温探头。关闭仪器电源，整理实验桌面，罩上仪器罩。

【实验预期结果及分析】

将实验数据进行处理，结果填入表 10-1 中。

表 10-1　溶解热实验数据记录表

序号	1	2	3	4	5	6
累计质量（g）	2.5	4.0	6.0	9.0	12.5	16.5
累计时间（s）						
功率（W）						
$\Delta_{isol}H_m$（kJ·mol^{-1}）						

【要点提示及注意事项】

1. 搅拌磁子一定要提前加入，并转速适中，否则会导致硝酸钾不溶，实验失败。

2. 加样品要迅速，以免温差无法变成负值，从而错过温差再次恢复到 0.000℃的时间。

【思考题】

1. 电热补偿法用于放热的溶解热测定是否可行？

2. 实验刚开始时体系温度为什么要高于环境温度 0.50℃？

3. $\Delta_{isol}H_m$ 能否取平均值？

实验二　非电解质摩尔质量的测定（凝固点降低法）

【实验目的】

1. 掌握步冷曲线的绘制方法。

2. 掌握凝固点降低法测定非电解质的摩尔质量的原理和方法。

3. 了解用凝固点降低法研究植物的某些生理现象。

【实验原理】

1. 凝固点降低法测定非电解质的摩尔质量的原理

溶液的凝固点一般低于纯溶剂的凝固点，这种现象称为凝固点降低。对于非挥发性的非电解质的稀溶液，其凝固点降低值具有依数性，凝固点降低值与浓度的关系可用下式表示：

$$T_f - T_s = \Delta T_f = \frac{RT_f^2}{\Delta H_f} \cdot \frac{n_B}{n_A} \tag{10-4}$$

式中 T_f 为纯溶剂的凝固点；T_s 为溶液的凝固点；ΔT_f 为溶液的凝固点降低值；ΔH_f 为纯溶剂的摩尔凝固热；n_A 为溶剂的物质的量；n_B 为溶质的物质的量。

设在质量为 m_A 的溶剂中溶有质量为 m_B 的溶质，M_A 和 M_B 分别表示溶剂与溶质的摩尔质量，则上式又可写为：

$$\Delta T_f = \frac{RT_f^2}{\Delta H_f} \times \frac{M_A}{1000} \times \left(\frac{m_B}{M_B} \times \frac{1000}{m_A} \right) = K_f \times \frac{m_B}{M_B} \times \frac{1000}{m_A} \tag{10-5}$$

式中 K_f 为凝固点降低常数，它只与溶剂的性质有关，而与溶质的性质无关。

若 m_A、m_B 为已知，可由 ΔT_f 值计算出溶质的摩尔质量 M_B。

$$M_B = K_f \times \frac{m_B}{\Delta T_f} \times \frac{1000}{m_A} \tag{10-6}$$

利用凝固点降低来求摩尔质量是一种简单而又准确的方法，但应注意使用的条件。从公式（10-5）可以看出，ΔT_f 值的大小是与溶质在溶液中的"有效质点"数有关的。因此如果溶质在溶液中产生缔合、解离、溶剂化或生成络合物等情况时，用此法求出的摩尔质量可能出现偏差，称为表观摩尔质量。

2. 植物汁液的凝固点降低和渗透压

生物体有自动调节液体浓度以适应外界环境的能力。植物处在低温或干旱条件下，通过酶的作用可将多糖、蛋白质等大分子物质分解成小分子的双糖、单糖、草酸、氨基酸等，从而大大提高生物体内液体中溶质的有效质点浓度，使系统的渗透压升高，凝固点降低，以抵御外界的干旱、低温条件。所以测定植物液汁的凝固点降低，可以用来研究植物的某些生理现象。

稀溶液的渗透压为 $\pi = c_B RT$，式中 c 为溶质的量浓度，对稀溶液

$$c_B = \frac{\Delta T_f}{K_f} \tag{10-7}$$

所以：

$$\pi = \frac{\Delta T_f}{K_f} RT \tag{10-8}$$

测出稀溶液的凝固点降低值，即可由式（10-8）求出它的渗透压。

3. 步冷曲线的绘制和凝固点的确定

凝固点是在标准压力下，纯溶剂固液平衡时的温度。理论上，当溶剂的温度降至凝固点时，则有固体析出，其冷却（步冷）曲线见图 10-2（a）。但在实际操作中，由于开始结晶时缺少较大半径的结晶核，导致微小晶粒的饱和蒸气压大于同温度下的液体饱和蒸气压，往往产生过冷现象，即液体降到凝固点以下才析出固体，随后温度再升到凝固点，其冷却（步冷）曲线见图 10-2（b）。溶液的冷却情况与此不同，当溶液冷却到凝固点时，开始析出固态溶剂。随着溶剂的析出，剩余溶液浓度相应增大，所以溶液的凝固点随着溶剂的析出而不断下降，在冷却曲线上得不到温度不变的水平线段。当有过冷发

生时，溶液的凝固点应从冷却曲线上待温度回升后外推而得，见图 10-2（c）。

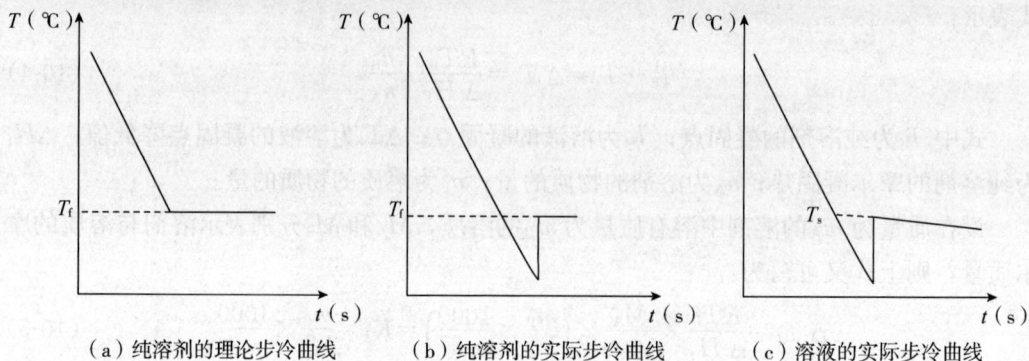

（a）纯溶剂的理论步冷曲线　　（b）纯溶剂的实际步冷曲线　　（c）溶液的实际步冷曲线

图 10-2　纯溶剂和溶液的步冷曲线示意图

【实验器材】

1. 实验仪器

凝固点测定仪 1 套（型号 SWC-LG，内含数字贝克曼温度计 1 台），普通温度计（－10℃～100℃）1 支，移液管（50mL，直筒形，带刻度）1 支，称量瓶，1000mL 烧杯、100mL 烧杯各 1 个。

2. 实验试剂

某糖类样品（分析纯），植物汁液，食盐，蒸馏水。

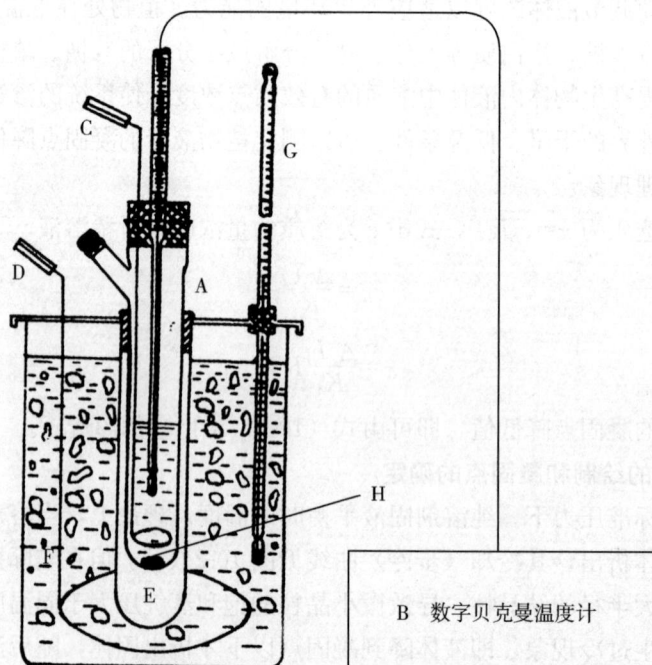

A.样品管；B.贝克曼温度计；C.搅棒；
D.冰盐浴搅棒；E.空气套管；F.不锈钢杯；G.温度计；H.搅拌子

图 10-3　凝固点降低法测定摩尔质量装置示意图

【实验步骤】

1. 低温冰盐浴的制备

在不锈钢杯内装入一定量的碎冰块（冰块体积不能过大），加入适量的冷水至体积为不锈钢杯的约 3/4（不可过满，亦不可过少），插入温度计，边搅拌，边加入食盐，直至使冷冻剂降至−2℃～3℃之间（夏季实验可使温度降至−3℃～−4℃之间）。盖上不锈钢杯盖，插入空气套管（粗管），备用。

注意：测定过程中还要逐渐加入食盐和冰块并经常搅动，使冰盐浴维持一定的低温。

2. 溶剂凝固点的测定

（1）粗测　打开凝固点测定装置电源开关，准确量取 30mL 蒸馏水装入洗净的样品管（细管），加入搅拌磁子，插入冰水浴中，通过调节调速按钮，使磁子旋转，盖紧塞子，插入样品管搅拌器和温度计探头（探头应插入溶剂中，但不可插入过深，以防碰到磁子）。连续按下实验装置前面板的上下箭头定时，设定每 15 秒计时一次（当定时器报警时，记录此时的温度读数）。轻轻上下搅动搅拌器，使溶剂温度持续下降。当温差读数迅速上升到最高且保持不变时，记下此时的温度，即为溶剂的近似凝固点。取出样品管，观察是否有冰花出现（若无，实验失败）。

（2）精测　用手微热样品管，使冰花全部融化，然后将样品管放入冰盐浴中，均匀缓慢搅拌溶剂，使溶剂逐渐冷却，每 15 秒记录一次温度（应记温差示数）。当温度降至比粗测凝固点高 0.3℃左右时，将样品管取出，用干毛巾迅速擦干，转移至空气套管中**(特别注意：套管应事先放入冰盐浴中，以免套管温度过高。整个转换过程要迅速，若过慢，由于热交换，导致样品管温度、溶剂温度不降反升，实验失败，需重做)**。之后继续冷却，当温度降至比粗测凝固点低 0.5℃时，加速搅拌，打破过冷，促使晶体析出（打破过冷也可以采用向溶剂中快速刮入冰晶的方法。方法如下：打开样品管塞子，移至样品管一侧，但不要使温度计探头离开样品，用刀片等硬物在样品管正上方快速刮冰块儿，使少量冰晶落入样品管中，然后合上塞子，轻轻搅拌样品）。当发现温度迅速回升后，搅拌速度一定要均匀缓慢，直至温度达到稳定不变时，停止搅拌，此温度即为溶剂的精测凝固点。重复测定一次，两次精测误差不可超过 0.005℃，取平均值。

3. 溶液凝固点的测定

观察冰盐浴温度是否维持在要求范围内（若温度过高，加冰块、盐使之恢复）。在天平上称取 1.5g 样品，小心加入样品管溶剂中，搅拌，使之全部溶解，按照步骤 2，先粗测，再精确测定溶液的凝固点。

4. 植物液汁渗透压的测定（选做）

取两个不同的植物液汁样本，如室温及低温下保存的马铃薯，分别榨取其液汁。依上法测定其凝固点。注意测定管、玻搅棒及贝克曼温度计均用测定液汁先冲洗两次，搅拌不要过于剧烈，以免产生很多泡沫使溶剂不易结晶析出。计算其渗透压值，说明它们产生差别的原因。

本实验可以通过计算机软件控制进行数据自动采样、处理。软件操作方法如下：

实验正式开始前，打开软件，进入主界面。点击主菜单"设置"—"通讯口"，选择 COM1。然后点击主菜单"设置"—"坐标系"，设置横坐标和纵坐标的起止区间，温度可以设置从－2℃～2℃，时间设置从 0 秒到 20 分钟。继续点击主菜单"设置"—"采样时间"，选择 2 秒。最后点击主菜单"数据通讯"—"开始实验"，在弹出窗口选择"是"，开始正式采集数据。当实验数据采集全部完成，点击主菜单"数据通讯"—"结束实验"。实验结束后可以直接用配套软件对得到的图形进行进一步的凝固点计算处理，亦可以保存数据后采用其他软件进行进一步的处理。

【实验预期结果及分析】

1. 根据记录的数据，截取降温至 2℃以下的精测数据，分别绘出纯溶剂和溶液的步冷曲线，并确定其凝固点。

2. 根据公式（10-6），计算样品的摩尔质量。和实验室提供的理论值进行比较，分析误差的主要来源。

3. 计算植物液汁的渗透压。

【要点提示及注意事项】

1. 实验中禁止将样品管取出观察是否有冰花析出。可以从温度的变化判断体系的相变情况。

2. 实验时，请将样品管移至实验装置标记的最近处，达到最好的搅拌效果。

3. 温度回升后，搅拌速度一定要均匀缓慢，否则由于摩擦导致热量产生，从而导致温度不能稳定在一个示数。

4. 长时间的操作，可能导致冰盐浴温度升高，应及时加冰块和盐，使冰盐浴温度恒定在要求范围内。

5. 不可过冷太多，应及时打破过冷。否则影响结果准确性。

【思考题】

1. 空气套管的作用是什么？

2. 根据什么原则考虑加入溶质的量，太多或太少对实验结果影响如何？

实验三　液体饱和蒸气压的测定

【实验目的】

1. 明确纯液体饱和蒸气压的定义和气液两相平衡的概念。

2. 深入了解纯液体饱和蒸气压与温度的关系，掌握克劳修斯—克拉贝龙方程的应用。

3. 掌握静态法测定液体蒸气压的方法。

【实验原理】

在一定温度下的封闭体系中，纯液体与其蒸气处于平衡状态时的蒸气压力，称为该温度下的饱和蒸气压。纯液体的蒸气压是随温度变化而改变的，它们之间的关系可用克劳修斯—克拉贝龙方程式来表示：

$$\frac{\mathrm{d}\ln p}{\mathrm{d}T}=\frac{\Delta_{vap}H_m}{RT^2} \tag{10-9}$$

式中 p 为纯液体温度 T 时的饱和蒸气压；T 为热力学温度；$\Delta_{vap}H_m$ 为该液体摩尔汽化热；R 为摩尔气体常数。如果温度的变化范围不大，$\Delta_{vap}H_m$ 视为常数，当作平均摩尔汽化热。将式（10-9）积分得：

$$\ln p=-\frac{\Delta_{vap}H_m}{RT}+K \tag{10-10}$$

式中 K 为常数，此数与压力 p 的单位有关。

由式（10-10）可知，在一定温度范围内，测定不同温度下的饱和蒸气压，以 $\ln p$ 对 $1/T$ 作图，可得一条直线。由该直线的斜率可求得实验温度范围内液体的平均摩尔汽化热。当外压为 101325Pa 时，液体的蒸气压与外压相等时的 T 称为该液体的正常沸点。从图中计算也可求得其正常沸点。

本实验用静态法测定液体饱和蒸气压，即在某一温度下直接测量气液两相平衡时的压力。如图 10-4 所示，将被测液体装在玻璃制作的平衡管的 A 管内，并在 B、C 构成的 U 形管内用待测液体做成液封。在一定温度下，当 A 管的液面上完全是待测液体的蒸气，而 B 管与 C 管的液面处于同一水平时，则表示 B 管液面上蒸气压（即 A 管液面上的蒸气压）与加在 C 管液面上的外压相等，而外压可以从压力计上准确读出。

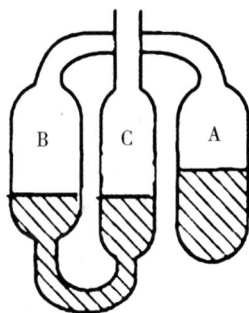

图 10-4 平衡管放大图

【实验器材】

1. 实验仪器

SYP-Ⅲ玻璃恒温水浴槽，DP-AF（真空）精密数字压力计，缓冲储气罐，真空泵，压力计。

2. 实验试剂

乙醇（分析纯）。

【实验步骤】

1. 安装仪器

从等压计的加液口处注入乙醇液体，使 A 球内装有 1/2～2/3 的液体，并使适量的乙醇在等压计 U 形管两管（B 管、C 管）间形成封闭液，如图 10-4 所示。然后按照图 10-5 实验装置图搭建仪器。

将压力计开关置于"ON"位置，单位置于"kPa"，预热 10 分钟的同时，打开恒温水浴，设置水浴温度为（30±0.2）℃（回差选择 0.2 即可）。

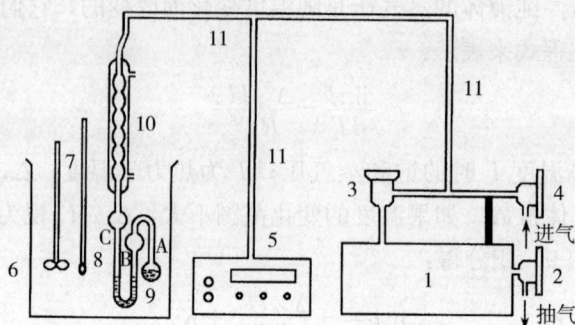

1.不锈钢缓冲罐；2.抽气阀门；3.缓冲罐抽气阀门；4.进气阀门；
5.DP-A数字压力表；6.恒温水浴；7.温度计；8.等压计；
9.试样瓶；10.冷凝管；11.真空橡皮管

图 10-5　饱和蒸气压测定装置示意图

2. 气密性检查

将仪器装好后，接通冷凝水，关闭抽气阀门 2，松开缓冲罐抽气阀门 3（使气路相通即可，不可拧掉），打开进气阀门 4，使空气充分进入，待压力计示数稳定在 0kPa 左右时，按下"采零"（实际测定的压力应为压力计读数加上大气压）。

待水浴温度达到 30℃时，关闭进气阀门 4，开动真空泵，在真空泵正常运转后，打开抽气阀门 2，使真空泵只与系统相通，抽气。当压力测量仪显示的压差值为 −50kPa 左右时，关闭抽气阀门 2，注意观察压力测量仪的数字变化，若变化不明显或者不变化，则证明系统的气密性已达到本实验要求。若有明显变化，说明漏气，应仔细逐段检查，设法消除，直至不漏气为止。

3. 测定不同温度下乙醇的蒸气压

（1）排 A 管上方的空气　开动真空泵，重新松开抽气阀门 2，使真空泵与系统相连，缓缓抽气使 C 管上方降压，使 A、B 间空气随乙醇蒸气呈气泡状排出。随着 C 管上方压强越来越小，A 球内封闭液的乙醇蒸发得越来越快，气泡逸出越来越快，应当及时调整抽气阀门 2，减慢真空泵对系统的抽气速度，必要时关闭抽气阀门。当气泡单个逸出时间约 10 分钟后，认为空气已经排干净。此时，关闭抽气阀门 2。

（2）测定 30℃下乙醇的蒸气压　缓缓打开进气阀 4，使空气徐徐进入 C 管上方，随着压力的增加，C 管液体高度逐渐下降，当 C 管液面高度和 B 管相同时，关闭进气阀 4，同时记下压力计读数（若进气过多，导致 C 管液面高度低于 B 管，应怎么办）。

再次旋转抽气活塞 2 数分钟，同上法重复测量一次。若连续两次测得的压差值基本相等，则可认为 A、B 间管内的空气已驱尽。记下此时压力计上的压差值 Δp，同时从气压计上读取并记下室温和大气压 p_e，则可得到 30℃时乙醇的蒸气压 $p = p_e + \Delta p$。

（3）其他温度下乙醇蒸气压的测定　直接调节恒温槽温度为 33℃。随着温度的升高，A 球液面上方的乙醇蒸气压强逐渐增大，因此不断有气泡通过封闭液从 C 管逸出（若其气泡逸出速度过快，应缓缓打开进气阀门，增加 C 管压力，可减缓气泡逸出速率）。当恒温槽温度升至 33℃时，同上法调节系统压力使 B、C 两管液面等高，关闭进气阀门，并记下 33℃时压力计读数。

用上述方法沿温度升高方向测定 36℃、39℃、42℃、45℃时乙醇的蒸气压。

实验完毕，关闭冷凝水，拔掉冷凝水入水管，放掉冷凝水。打开进气阀门，确认关闭抽气阀门 2 后，再关闭真空泵，防止液体倒吸。装置内的液体勿倒掉，勿水洗。

【实验预期结果及分析】

1. 将实验数据及处理结果填入表 10-2 中。

表 10-2　饱和蒸气压测定数据记录表

室温＿＿＿＿＿，大气压＿＿＿＿＿＿＿

温度（K）	压差 Δp（Pa）	蒸气压（Pa）	$\ln p$	$1/T$
303				
306				
309				
312				
315				
318				

2. 以 $\ln p$ 对 $1/T$ 作图，拟合直线。由直线斜率计算实验温度区间内乙醇的平均摩尔汽化热，推测乙醇的沸点。和理论值进行比较，计算相对误差。

【要点提示及注意事项】

1. 系统气密性是本实验成功进行的基础。

2. 进气活塞的熟练控制是本实验成功的关键。

3. 气泡逸出要单个逸出，剧烈沸腾会导致 A 管液体损失殆尽，B、C 管液体增多。

4. 若调节液面相平时，C 管上方空气倒入 A、B 管之间，本温度下实验失败，应该重新排空气。

【思考题】

1. 能否在加热条件下检查系统的气密性？

2. 缓冲罐的作用是什么？

3. B、C 管之间的乙醇液体有什么作用？

实验四　分配系数的测定

【实验目的】

1. 测定反应 $KI + I_2 \rightleftharpoons KI_3$ 的平衡常数及碘在四氯化碳和水中的分配系数。

2. 掌握萃取原理及分配系数的测量原理。

【实验原理】

在定温、定压下，碘和碘化钾在水溶液中建立如下的平衡：

$$KI + I_2 \rightleftharpoons KI_3$$

为了测定平衡常数，应在不扰动平衡状态的条件下测定平衡组成。在实验中，当上述平衡达到时，若用 $Na_2S_2O_3$ 标准溶液来滴定溶液中 I_2 的浓度，则因随着 I_2 的消耗，平衡将向左端移动，使 KI_3 继续分解，因而最终只能测得溶液中 I_2 和 KI_3 的总量。为了解决这个问题，可在上述溶液中加入四氯化碳，然后充分摇混（KI 和 KI_3 不溶于 CCl_4），当温度和压力一定时，上述平衡及 I_2 在四氯化碳层和水层的分配平衡同时建立。测得四氯化碳层中 I_2 的浓度，即可根据分配系数求得水层中 I_2 浓度。

水层
$$KI + I_2 \rightleftharpoons KI_3$$
$$c-(b-a) \qquad a \qquad (b-a)$$

$$I_2 \quad a'$$

四氯化碳层

设水层中 $KI+I_2$ 的总浓度为 b，KI 的初始浓度为 c；四氯化碳层 I_2 的浓度为 a'；I_2 在水层及四氯化碳层的分配系数为 k，实验测得分配系数 k 及四氯化碳层中 I_2 的浓度 a' 后，则根据 $k=a'/a$，即可求得水层 I_2 浓度 a。再从已知 c 及测得 b，即可计算出该反应的平衡常数。

$$k_c = \frac{[KI_3]}{[I_2][KI]} = \frac{(b-a)}{a[c-(b-a)]} \tag{10-11}$$

【实验器材】

1. 仪器

恒温槽 1 套，250mL 碘素瓶（磨口锥形瓶）3 个，50mL 移液管 3 支，25mL 移液管 1 支，5mL 移液管 3 支，10mL 移液管 2 支，250mL 锥形瓶 4 个，碱式滴定管 2 支，250mL 量筒 1 个，10mL 量筒 2 个。

2. 试剂

四氯化碳（分析纯），I_2 的 CCl_4 饱和溶液，0.01mol/L $Na_2S_2O_3$ 标准溶液，0.1mol/L KI 标准溶液，1‰淀粉溶液。

【实验步骤】

1. 按表所列数据，将溶液配于碘素瓶中。

2. 将配好的溶液置于 25℃ 的恒温槽内，每隔 10 分钟取出振荡一次，约经一小时后，按表 10-3 所列数据取样进行分析。

3. 分析水层时，用 $Na_2S_2O_3$ 滴至淡黄色，再加 2mL 淀粉溶液作指示剂，然后小心滴至蓝色恰好消失。

4. 取 CCl_4 层样时，用洗耳球使移液管尖端鼓泡通过水层进入四氯化碳层，以免水层进入移液管。于锥形瓶中先加入 5～10mL 水、2mL 淀粉溶液，然后将四氯化碳层样放入锥形瓶中。滴定过程中必须充分振荡，以使四氯化碳层中的 I_2 进入水层（为加快 I_2 进入水层，可加入 KI）。细心地滴至水层蓝色消失，四氯化碳层中不再呈现红色。

滴定后的和未用完的四氯化碳，皆应倾入回收瓶中。

【实验预期结果及分析】

1. 记录实验数据，填入表 10-3 中。

表 10-3　分配系数测定实验数据记录表

实验温度：＿＿＿＿气压：＿＿＿＿KI 浓度：＿＿＿＿Na$_2$S$_2$O$_3$浓度：＿＿＿＿＿＿

实验编号		1	2	3
混合液组成 /mL	H$_2$O	200	50	0
	I$_2$的 CCl$_4$饱和溶液	25	25	25
	KI 溶液	0	50	100
分析取样体积 /mL	CCl$_4$层	5	5	5
	H$_2$O 层	50	10	10
滴定时消耗的 Na$_2$S$_2$O$_3$/mL	CCl$_4$层			
			平均	
	H$_2$O 层			
			平均	
			$K_{c1}=$	$K_{c2}=$
		$k=$		
			$K_c=$	

2. 计算 25℃时，I$_2$在四氯化碳层和水层中的分配系数。

3. 计算 25℃时，该化学反应的平衡常数。

【思考题】

1. 测定平衡常数及分配系数为什么要求恒温？

2. 配制溶液时，哪种试剂要求准确计量其体积？

3. 测定四氯化碳层中 I$_2$的浓度时，应注意些什么？

实验五　反应速率常数的测定

【实验目的】

1. 学会测定反应速率常数的方法，掌握一级反应药物的半衰期。

2. 掌握旋光仪的正确操作方法。

3. 了解反应的反应物浓度与旋光度之间的关系。

【实验原理】

$$C_{12}H_{22}O_{11}+H_2O \xrightarrow{H^+} C_6H_{12}O_6+C_6H_{12}O_6$$

（蔗糖）　　　　　　　（葡萄糖）　（果糖）

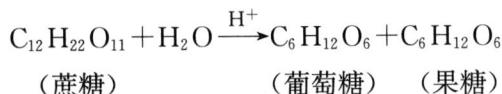

蔗糖酸性条件下的水解反应是一个二级反应。在纯水中，此反应速度极慢，通常需要在 H$^+$的催化作用下进行。由于反应时水大量存在，可以近似认为整个反应过程中的水浓度是恒定的；且 H$^+$是催化剂，其浓度也基本保持不变，因此蔗糖转化水解可看作为一级反应，也称作准一级反应。其速度方程可由下式表示：

$$r=-\frac{dc}{dt}=kc \qquad (10-12)$$

式中，k 为反应速率常数，c 为时间 t 时的反应物浓度。

式 10-12 积分得：

$$\ln c=-kt+\ln c_0 \qquad (10-13)$$

c_0 为反应开始时蔗糖的浓度。

当 $c=\frac{1}{2}c_0$ 时，其反应时间 t 即为反应的半衰期：

$$t_{1/2}=\frac{\ln 2}{k}=\frac{0.693}{k} \qquad (10-14)$$

蔗糖及其转化产物都含有不对称的碳原子，它们都具有旋光性，但是它们的旋光能力不同，故可以利用系统在反应过程中旋光度的变化来度量反应的进程。

溶液的旋光度与溶液中所含旋光物质的旋光能力、溶剂性质、溶液浓度、样品管长度、光源波长及温度等均有关系。当其他条件均固定时，旋光度 α 与反应物浓度 c 呈线性关系，即：

$$\alpha=Kc \qquad (10-15)$$

式中，比例常数 K 与物质之旋光能力、溶质性质、样品管长度、温度等有关。物质的旋光能力用比旋光度来度量，比旋光度可用下式表示：

$$[\alpha]_D^{20}=\frac{\alpha\times 100}{lc} \qquad (10-16)$$

式中，20 为实验时温度 20℃；D 是指所用钠光灯光源 D 线波长 589mm；α 为测得的旋光度；l 为样品管的长度（dm）；c 为浓度（g/100mL）。

作为反应物的蔗糖是右旋性物质，其比旋光度 $[\alpha]_D^{20}=66.6°$；生成物中葡萄糖也是右旋性的物质，其比旋光度 $[\alpha]_D^{20}=52.5°$，但果糖是左旋性物质，其比旋光度 $[\alpha]_D^{20}=-91.9°$。由于生成物中果糖的左旋性比葡萄糖右旋性大，所以生成物呈现左旋性质。因此，随反应的进行，系统的旋光度不断减小，到等于零，而后就变成左旋，直至蔗糖完全转化，这时系统的旋光度达到最小值 α_∞。

设最初系统的旋光度为
$$\alpha_0=K_{反}c_0 \qquad (t=0,\text{蔗糖尚未水解}) \qquad (10-17)$$

最终系统的旋光度为
$$\alpha_\infty=K_{生}c_0 \qquad (t=\infty,\text{蔗糖已完全水解}) \qquad (10-18)$$

式（10-17）（10-18）中的 $K_{反}$、$K_{生}$ 分别为反应物与生成物的比例常数。当时间为 t 时，蔗糖的浓度为 c，此时旋光度 α_t 为

$$\alpha_t=K_{反}c+K_{生}(c_0-c) \qquad (10-19)$$

由式（10-17）（10-18）（10-19）联立可解得：

$$c_0=\frac{\alpha_0-\alpha_\infty}{K_{反}-K_{生}}=K'(\alpha_0-\alpha_\infty) \qquad (10-20)$$

$$c=\frac{\alpha_t-\alpha_\infty}{K_{反}-K_{生}}=K'(\alpha_t-\alpha_\infty) \qquad (10-21)$$

式（10-20）（10-21）代入式（10-13）可得到：

$$\ln\ (\alpha_t-\alpha_\infty)\ =-kt+\ln\ (\alpha_0-\alpha_\infty) \tag{10-22}$$

由式（10-22）可以看出，若以 $\ln\ (\alpha_t-\alpha_\infty)$ 对 t 作图为一直线，从直线的斜率可求得反应速率常数 k。

【实验器材】

1. 实验仪器

数字式自动旋光仪 1 台（WZZ-2S 型），50mL 移液管 2 支，150mL 磨口锥形瓶 2 个，50mL 量筒 1 个，水浴锅 1 个。

2. 实验试剂

蔗糖（分析纯），2mol/L HCl 溶液（自己配制，或由实验老师提前准备）。

【实验步骤】

1. 打开恒温水浴，温度设置为 25℃，备用。

2. 接通旋光仪电源，电源按钮置于"AC"位置，预热 10 分钟。

3. 仪器零点的校正：蒸馏水为非旋光物质，可用以校正仪器的零点（即 $\alpha=0$ 时仪器对应的刻度）。首先洗净样品管，将管的一端加上盖子，并向管内灌满蒸馏水使液体形成一凸出液面，然后在管的另一端盖上玻璃片，再旋上套盖，勿使漏水，有空气泡时应排在样品管凸肚处。若旋光管为漏斗式，则直接从中间加入蒸馏水即可。用滤纸将样品管擦干，再用滤纸将样品管两端的玻璃片残余水分吸干，置于旋光仪中，合上盖子。点击仪器面板上的回车键，进入测试状态。等示数稳定后，按下清零键。

4. 蔗糖转化反应及反应过程中旋光度的测定：称取 6g 蔗糖于 150mL 锥形瓶中，加水 30mL，盖上塞子。用量筒量取 2mol/L HCl 溶液 30mL 置于另一个锥形瓶中，盖上塞子。将两个锥形瓶放入恒温槽中恒温 10 分钟。之后，取出锥形瓶，擦干外壁水珠，将盐酸溶液迅速倾入蔗糖溶液中，按下秒表，计时开始。混合均匀后，迅速用少量反应液荡洗样品管两次，装满样品管，盖好盖子，放入恒温槽中继续反应，测量各时间的旋光度。从计时开始，每隔 3 分钟测一次旋光度，测 3 次，之后每隔 5 分钟测一次，测 5 次，最后每隔 10 分钟测一次，连测 3 次（注意：每次测完之后要把旋光管放入恒温槽中继续恒温，以免温度发生变化。具体应该以读旋光度的时刻作为反应时间）。

5. α_∞ 的测量：在进行上述操作的空隙时间里，将剩余反应液倒入锥形瓶中，盖上塞子，置于 50℃～60℃的水浴内加热 30 分钟，使其加速反应。然后冷却至实验温度，测其旋光度即为 α_∞ 值。

实验结束后，必须洗净样品管，同时做好旋光仪的保洁，整理台面。

【实验预期结果及分析】

1. 将实验数据及处理结果填入表 10-4 中。

表 10-4 反应速率常数的测定实验数据记录

反应温度（恒温槽指示温度）_____ , $\alpha_\infty =$ _____

t/min					
α_t					
$\alpha_t - \alpha_\infty$					
$\ln(\alpha_t - \alpha_\infty)$					

2. 以 $\ln(\alpha_t-\alpha_\infty)$ 对 t 作图，拟合直线。由直线斜率求出反应速率常数 k，并计算反应的半衰期 $t_{1/2}$。

【要点提示及注意事项】

1. 蔗糖溶液与 HCl 混合时，应将 HCl 倒入蔗糖溶液中，不能倒反。
2. 旋光仪长时间使用，本身发热，故测定过程中应经常打开盖子散热。
3. 体系旋光度随反应时间不断变化，故不可以重复测定取平均值。
4. 读数时应准确记录反应时间。
5. 反应过程中，不可用手长时间触摸样品管，以免引起温度升高，加速反应进行。

【思考题】

1. 为什么蔗糖溶液只需粗配即可？
2. 为什么要严格控制反应温度？
3. 旋光度和比旋光度有什么区别？
4. HCl 浓度影响反应速率吗？为什么？

实验六 溶液表面张力的测定（最大气泡法）

【实验目的】

1. 测定乙醇水溶液的表面张力和浓度的关系。计算表面吸附量和溶质分子的横截面积。
2. 了解表面张力的性质、比表面吉布斯函数的意义及表面张力和吸附的关系。
3. 掌握用最大气泡法测定表面张力的原理和技术。

【实验原理】

1. 表面张力的概念

从热力学观点看，液体会自发缩小其表面积，此时系统总的表面吉布斯函数自动减小。如欲使液体产生新的表面 dA，则需要对其做功。功的大小应与 ΔA 成正比：

$$\delta W = \sigma dA \tag{10-23}$$

定温定压下，根据热力学第二定律，

$$dG = \delta W \tag{10-24}$$

所以

$$dG = \sigma dA \tag{10-25}$$

即
$$\sigma = \left(\frac{\partial G}{\partial A}\right)_{T,p} \tag{10-26}$$

式中 σ 为液体的比表面吉布斯函数，亦称表面张力。它表示了液体表面自动缩小趋势的大小，其数值与液体的成分、溶质的浓度、温度及表面气氛等因素有关。

2. 溶液的表面吸附

一定温度下，纯物质降低比表面吉布斯函数的唯一途径是尽可能缩小其表面积。对于溶液，则可以通过溶质自动调节其表面层的浓度来改变它的比表面吉布斯函数。

物质表面张力和浓度的关系分为三类，如图 10-7，对于第 I 类物质，$\left(\frac{d\sigma}{dc}\right)_T > 0$，浓度越大，表面张力越大，因此，表面张力的自发降低导致表面层浓度自动减小，最终使表面层浓度低于溶液本体浓度。对于第 II、III 类物质，$\left(\frac{d\sigma}{dc}\right)_T < 0$，浓度越大，表面张力越小，因此，表面张力的自发降低导致表面层浓度会自动增加，最终使表面层浓度高于溶液本体浓度。这种表面浓度与溶液内部浓度不同的现象叫作溶液的表面吸附。对于第 I 类物质，称为负吸附，对于第 II、III 类物质，称为正吸附。

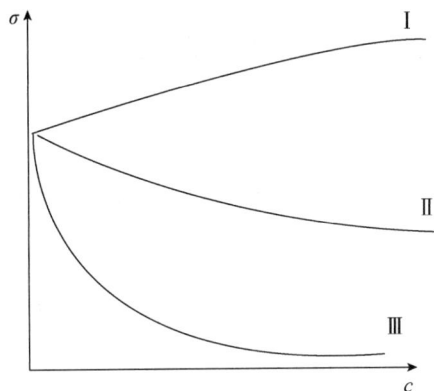

图 10-7 表面张力与浓度的关系

在指定的温度和压力下，溶质的吸附量与溶液的表面张力及溶液的浓度有关，从热力学方法可知它们之间的关系遵守吉布斯（Gibbs）吸附方程：

$$\Gamma = -\frac{c}{RT}\left(\frac{d\sigma}{dc}\right)_T \tag{10-27}$$

式中，Γ 为表面吸附量（mol/m²）；T 为热力学温度（K）；c 为稀溶液浓度（mol/L）；R 为气体常数。

本实验研究正吸附情况。

能发生正吸附的物质溶入溶剂后，能使溶剂的表面张力降低，这类物质被称为表面活性物质。表面活性物质具有显著的不对称结构，它们是由亲水的极性基团和憎水的非极性基团构成的。对于有机化合物来说，表面活性物质的极性部分一般为

—NH$_3^+$、—OH、—SH、—COOH、—SO$_2$OH 等。乙醇就属于这样的化合物。它们在水溶液表面排列的情况随其浓度不同而异。如图 10-8 所示，浓度很小时，分子可以平躺在表面上；浓度增大时，分子的极性基团朝向溶液内部，而非极性基团基本上朝向空气；当浓度增至一定程度，溶质分子占据了所有表面，就形成饱和吸附层。

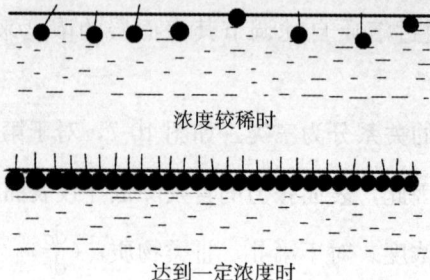

浓度较稀时

达到一定浓度时

图 10-8　表面活性物质的表面吸附情况

乙醇溶液的 σ—c 曲线和图 10-7 的第 III 类物质近似，在开始时 σ 随浓度增加而迅速下降，以后的变化比较缓慢。

在 σ—c 曲线上任选一点 i 作切线，即可得该点所对应浓度 c_i 的斜率 $\left(\dfrac{\mathrm{d}\sigma}{\mathrm{d}c}\right)_T$，再由 (10-27) 式可求得不同浓度下的 Γ 值。

3. 饱和吸附与溶质分子的横截面积

吸附量 Γ 与浓度 c 之间的关系，可用朗格茂（Langmuir）吸附等温式表示：

$$\Gamma = \Gamma_\infty \frac{Kc}{1+Kc} \tag{10-28}$$

式中，Γ_∞ 为饱和吸附量，K 为常数。将上式取倒数可得：

$$\frac{c}{\Gamma} = \frac{c}{\Gamma_\infty} + \frac{1}{\Gamma_\infty K} \tag{10-29}$$

作 $\dfrac{c}{\Gamma}$-c 图，直线斜率的倒数即为 Γ_∞。

如果以 N 代表 1m^2 表面上溶质的分子数，则有：

$$N = \Gamma_\infty N_A \tag{10-30}$$

式中 N_A 为阿伏加德罗常数，由此可得每个溶质分子在表面上所占据的横截面积：

$$s = \frac{1}{\Gamma_\infty N_A} \tag{10-31}$$

因此，若测得不同浓度的溶液的表面张力，从 σ-c 曲线上求出不同浓度的吸附量 Γ，再从 $\dfrac{c}{\Gamma}$-c 直线上求出 Γ_∞，便可计算出溶质分子的横截面积 s。

4. 最大气泡法测定表面张力

测定表面张力的方法很多。本实验用最大气泡法测定乙醇水溶液的表面张力，该法测定速度快，精度可达千分之几。其实验装置如图 10-9 所示。

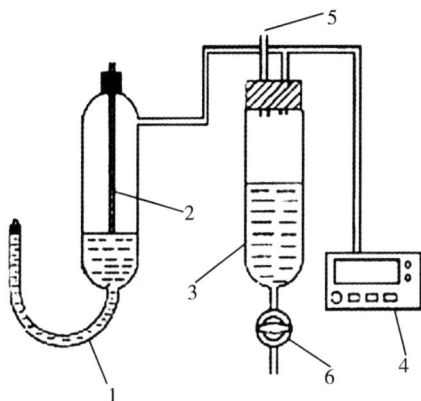

1. 样品管；2. 毛细管；3. 滴液瓶；
4. 精密数字压力计；5. 大气平衡管；6. 活塞

图 10-9　表面张力测定装置

将被测液体装于测定管中，摇匀溶液并取出几滴准备测定其折光率，再使玻璃管下端毛细管端面与液面正好相切。打开抽气瓶的活塞缓缓放水抽气，测定管中的压力 p 逐渐减小，毛细管外压力 p_0 就会将管中液面压至管口，且逐渐形成气泡，毛细管口形成凹液面，同时产生附加压力，，根据拉普拉斯（Laplace）公式，附加压力：

$$p_s = p_0 - p_r = \frac{2\sigma}{r} \tag{10-32}$$

随着气泡的增大，液面的曲率半径 $|r|$ 逐渐减小，p_s 逐渐增大。当半球气泡形成时，$|r|$ 等于毛细管半径 R。当气泡继续增大，$|r|$ 又逐渐增大，直至气泡失去平衡而从管口逸出。如图 10-10 所示。

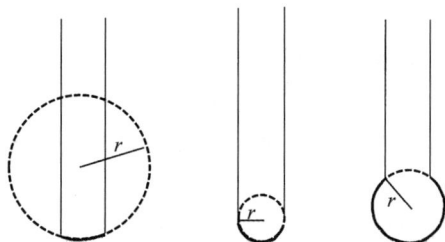

图 10-10　毛细管内液面变化和曲面压力变化

由式（10-32）可知，当 $r = R$ 时，p_s 有最大值。因此可以通过测定气泡形成过程中最大附加压力（压差）p_s 来计算表面张力。p_s 可直接从压差仪读取。

实验温度下水的表面张力 $\sigma_水$ 可查表得到，用同一毛细管分别测定 $p_{s,水}$ 和 $p_{s,样品}$，可按下式计算样品的表面张力 $\sigma_{样品}$。即

$$p_{s,样品}=\frac{2\sigma_{样品}}{r} \tag{10-33}$$

$$p_{s,水}=\frac{2\sigma_{水}}{r} \tag{10-34}$$

$$\sigma_{样品}=\frac{\sigma_{水}}{p_{s,水}}\times p_{s,样品}=K\times p_{s,样品} \tag{10-35}$$

K 称为毛细管常数。

【实验器材】

1. 实验仪器

表面张力测定装置 1 套（测定管、减压管、精度为 1Pa 的微压差仪），恒温水浴 1 套，阿贝折射仪 1 台，洗耳球 1 个，200mL 烧杯 1 只。

2. 实验试剂

无水乙醇（分析纯）。

【实验步骤】

1. 溶液配制

称重法配制 5%、10%、15%、20%、25%、30%、35%、40%、45%、50%、80%系列溶液（或由实验室预先准备好）。

2. 仪器安装与检漏

将表面张力仪和毛细管洗净按照图 10-9 连接好，调节恒温水浴温度为 25℃，在滴液瓶中注入自来水，并在样品管中注入蒸馏水，插入毛细管，调节样品量，使液面刚好与毛细管口相切，注意使毛细管保持垂直。将样品管接入恒温水浴循环水，保持样品管内样品恒温 5 分钟后，打开泄压开关，微压差仪采零，并关闭泄压开关。慢慢打开滴液瓶开关，使水逐滴滴下，使系统压力降低，压差仪显示一定的数值时，关闭滴液瓶开关。观察压差仪读数是否稳定不变，如不变，则系统不漏气，若逐渐变化到零，则表明系统漏气。逐段检查，查明原因。

3. 测定毛细管常数

慢慢打开滴液瓶开关，使水逐滴滴下。调节滴水速度，使毛细管口每分钟逸出 8～12 个气泡为宜。记录压差仪读数显示的最大值（负值最大）。读取三次，取平均值。

注意：毛细管若不干净，出现的气泡不均匀。毛细管在使用前应用铬酸洗液浸泡后清洗干净再用。

4. 测定待测样品的表面张力

取待测样品溶液润洗毛细管和样品管，尤其是毛细管部分，确保毛细管内外溶液的浓度一致。待温度恒定后，按上述蒸馏水项操作，测定其 p_s。同时进行第 5 步（用阿贝折射仪测量该样品的折光率）。

样品测量次序是由稀到浓依次进行。

5. 乙醇系列溶液的折光率测定

每次测定溶液 p_s 的同时，用该溶液的摇匀取出液在阿贝折射仪中测量折光率，并记录。

实验结束，关闭电源，清洗仪器，整理台面。

【实验预期结果及分析】

1. 计算毛细管常数 K。

2. 根据所测折光率，由实验室提供的浓度-折光率工作曲线查出各溶液的准确浓度。根据公式（10-35）计算各溶液的表面张力 σ 值，填入表10-5中。

表 10-5 溶液的表面张力测定实验数据记录表

大气压：_____Pa；室温：_____℃

| 浓度（%） | 折光率 n | 校正浓度（%） | p_s | | | | σ | $-\dfrac{d\sigma}{dc}$ | Γ | $\dfrac{c}{\Gamma}$ |
			第1次	第2次	第3次	平均				
0										
5										
10										
15										
20										
25										
30										
35										
40										
45										
50										
55										
60										
65										
80										

3. 作 σ-c 图，以表面张力为纵坐标，以校正后的乙醇百分浓度为横坐标。

4. 在 σ-c 图的曲线上读出浓度为 5%、10%、15%……10个点的表面张力，分别做出切线，并求得对应的斜率 $\left(\dfrac{d\sigma}{dc}\right)_T$；或以各点表面张力列表，并求得每相隔5%两点之间的 $\Delta\sigma$ 值，并算出各间隔的 $\dfrac{\Delta\sigma}{\Delta c}$，作 $\dfrac{\Delta\sigma}{\Delta c}$-$c$ 的台阶图，如图 10-11 所示，根据此图形状，绘出近似的光滑曲线 $\left(\dfrac{d\sigma}{dc}\right)_T$-$c$，再从图上读出 5%、10%、15%……各浓度时的 $\left(\dfrac{d\sigma}{dc}\right)_T$。

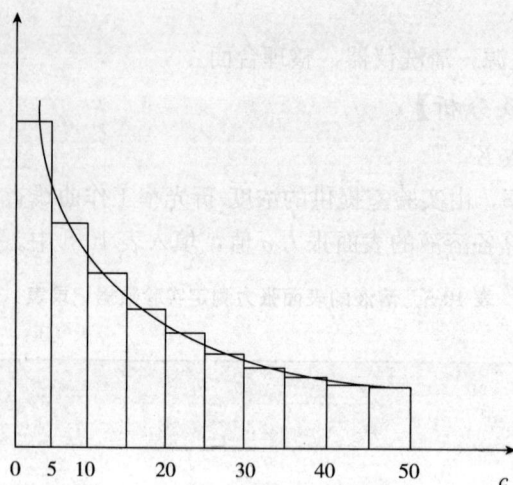

图 10-11 $\left(\dfrac{\mathrm{d}\sigma}{\mathrm{d}c}\right)_T$-$c$ 图

5. 根据方程（10-27）求算各浓度的吸附量 Γ，并做出 $\dfrac{c}{\Gamma}$-c 图，由直线斜率求其 Γ_∞，并计算乙醇分子表面积 s 值。

【要点提示及注意事项】

1. 样品管和毛细管一定要洗干净。否则气泡逸出不均匀，影响实验结果正确性。

2. 毛细管要垂直。

3. 毛细管底部和液面一定要刚好相切。

4. 实验中不可更换毛细管。若更换，则需重新测定毛细管常数，并用新的毛细管常数计算表面张力。

5. 样品管和滴液瓶之间的连接管在清洗仪器的时候注意不可进水，否则实验失败。

【思考题】

1. 本实验为何要读取最大压差，此压差是弯曲液面的附加压力吗？

2. 毛细管端口为什么要和液面刚好相切？若毛细管插入过深，微压差仪读数偏大还是偏小？

实验七　接触角的测定

【实验目的】

1. 了解液体在固体表面的润湿过程及接触角的含义与应用。

2. 掌握用 JC2000C1 静滴接触角/界面张力测量仪测定接触角和表面张力的方法。

【实验原理】

润湿是自然界和生产过程中常见的现象。通常将固-气界面被固-液界面所取代的过程称为润湿。将液体滴在固体表面上，由于性质不同，有的会铺展开来，有的则黏附在表面上成为平凸透镜状，这种现象称为润湿作用。前者称为铺展润湿，后者称为黏附润湿，如水滴在干净玻璃板上可以产生铺展润湿。如果液体不黏附而保持椭球状，则称为不润湿，如汞滴到玻璃板上或水滴到防水布上的情况。此外，如果是能被液体润湿的固体完全浸入液体之中，则称为浸湿。上述各种类型见图 10-12。

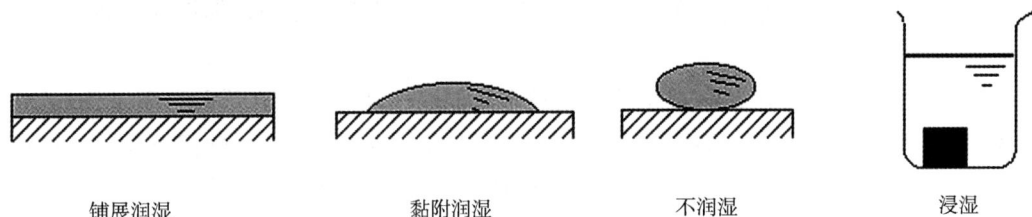

铺展润湿　　　　　黏附润湿　　　　不润湿　　　　浸湿

图 10-12　各种类型的润湿

当液体与固体接触后，体系的自由能降低。因此，液体在固体上润湿程度的大小可用这一过程自由能降低的多少来衡量。在恒温恒压下，当一液滴放置在固体平面上时，液滴能自动地在固体表面铺展开来，或以与固体表面成一定接触角的液滴存在，如图 10-13 所示。

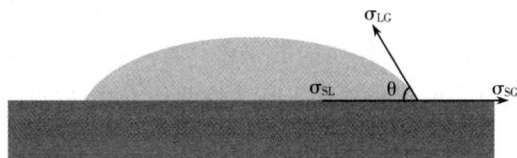

图 10-13　接触角

假定不同的界面间力可用作用在界面方向的界面张力来表示，则当液滴在固体平面上处于平衡位置时，这些界面张力在水平方向上的分力之和应等于零，这个平衡关系就是著名的 Young 方程，即

$$\sigma_{SG} - \sigma_{SL} = \sigma_{LG} \cdot \cos\theta \tag{10-36}$$

式中，σ_{SG}、σ_{LG}、σ_{SL} 分别为固-气、液-气和固-液界面张力；θ 是在固、气、液三相交界处，自固体界面经液体内部到气液界面的夹角，称为接触角，在 $0° \sim 180°$ 之间。接触角是反映物质与液体润湿性关系的重要参数。

在恒温恒压下，黏附润湿、铺展润湿过程发生的热力学条件分别是：

黏附润湿　　　　$W_a = \sigma_{SG} - \sigma_{SL} + \sigma_{LG} \geqslant 0 \tag{10-37}$

铺展润湿　　　　$S = \sigma_{SG} - \sigma_{SL} - \sigma_{LG} \geqslant 0 \tag{10-38}$

式中，W_a、S 分别为黏附润湿、铺展润湿过程的黏附功、铺展系数。

若将（10-36）式代入公式（10-37）（10-38），得到如下结果：

$$W_a = \sigma_{SG} + \sigma_{LG} - \sigma_{SL} = \sigma_{LG}\,(1 + \cos\theta) \tag{10-39}$$

$$S = \sigma_{SG} - \sigma_{SL} - \sigma_{LG} = \sigma_{LG}\,(\cos\theta - 1) \tag{10-40}$$

以上方程说明，只要测定了液体的表面张力和接触角，便可以计算出黏附功、铺展系数，进而可以据此来判断各种润湿现象。另外，接触角的数据也能作为判别润湿情况的依据。通常把 $\theta=90°$ 作为润湿与否的界限，当 $\theta>90°$，称为不润湿；当 $\theta<90°$ 时，称为润湿，θ 越小润湿性能越好；当 $\theta=0°$ 时，液体在固体表面上铺展，固体被完全润湿。

接触角是表征液体在固体表面润湿性的重要参数之一，由它可了解液体在一定固体表面的润湿程度。接触角测定在矿物浮选、注水采油、洗涤、印染、焊接等方面有广泛的应用。

决定和影响润湿作用及接触角的因素很多。如固体和液体的性质及杂质、添加物，固体表面的粗糙程度、不均匀性的影响和表面污染等。原则上说，极性固体易为极性液体所润湿，而非极性固体易为非极性液体所润湿。玻璃是一种极性固体，故易为水所润湿。对于一定的固体表面，在液相中加入表面活性物质常可改善润湿性质，并且随着液体和固体表面接触时间的延长，接触角有逐渐变小趋于定值的趋势，这是由于表面活性物质在各界面上吸附的结果。

接触角的测定方法很多，根据直接测定的物理量分为四大类：角度测量法、长度测量法、力测量法、透射测量法。其中，液滴角度测量法是最常用的，也是最直截了当的一类方法。它是在平整的固体表面上滴一滴小液滴，直接测量接触角的大小。为此，可用低倍显微镜中装有的量角器测量，也可将液滴图像投影到屏幕上或拍摄图像再用量角器测量，这类方法都无法避免人为作切线的误差。本实验所用的仪器 JC2000C1 静滴接触角/界面张力测量仪就可采取量角法和量高法这两种方法进行接触角的测定。

【实验器材】

1. 仪器

JC2000C1 界面张力测量仪，微量注射器，容量瓶，镊子，玻璃载片，涤纶薄片，聚乙烯片，金属片（不锈钢、铜等）。

2. 试剂

蒸馏水，无水乙醇，十二烷基苯磺酸钠（或十二烷基硫酸钠）。

十二烷基苯磺酸钠水溶液的质量分数：0.01％，0.02％，0.03％，0.04％，0.05％，0.1％，0.15％，0.2％，0.25％。

【实验内容】

1. 考察载玻片上水滴的大小（体积）与所测接触角读数的关系，找出测量所需的最佳液滴大小。

2. 考察水在不同固体表面上的接触角。

3. 等温下醇类同系物（如甲醇、乙醇、异丙醇、正丁醇）在涤纶片和玻璃片上的接触角和表面张力的测定。

4. 等温下不同浓度的乙醇溶液在涤纶片和玻璃片上的接触角和表面张力的测定。

5. 等温下不同浓度表面活性剂溶液在固体表面的接触角和表面张力的测定。

6. 测浓度为 0.1％十二烷基苯磺酸钠水溶液液滴在涤纶片和载玻片表面上接触角随时间的变化。

【实验步骤】

1. 接触角的测定

（1）开机　将仪器插上电源，打开电脑，双击桌面上的 JC2000C1 应用程序进入主界面。点击界面右上角的活动图像按钮，这时可以看到摄像头拍摄的载物台上的图像。

（2）调焦　将进样器或微量注射器固定在载物台上方，调整摄像头焦距到 0.7 倍（测小液滴接触角时通常调到 2~2.5 倍），然后旋转摄像头底座后面的旋钮调节摄像头到载物台的距离，使得图像最清晰。

（3）加入样品　可以通过旋转载物台右边的采样旋钮抽取液体，也可以用微量注射器压出液体。测接触角一般用 0.6~1.0μL 的样品量最佳。这时可以从活动图像中看到进样器下端出现一个清晰的小液滴。

（4）接样　旋转载物台底座的旋钮使得载物台慢慢上升，触碰悬挂在进样器下端的液滴后下降，使液滴留在固体平面上。

（5）冻结图像　点击界面右上角的冻结图像按钮将画面固定，再点击 File 菜单中的 Save as 将图像保存在文件夹中。接样后要在 20 秒（最好 10 秒）内冻结图像。

（6）量角法　点击量角法按钮，进入量角法主界面，按开始键，打开之前保存的图像。这时图像上出现一个由两直线交叉 45°组成的测量尺，利用键盘上的 Z、X、Q、A 键即左、右、上、下键调节测量尺的位置：首先使测量尺与液滴边缘相切，然后下移测量尺使交叉点到液滴顶端，再利用键盘上<和>键即左旋和右旋键旋转测量尺，使其与液滴左端相交，即得到接触角的数值。另外，也可以使测量尺与液滴右端相交，此时应用 180°减去所见的数值方为正确的接触角数据，最后求两者的平均值。

（7）量高法　点击量高法按钮，进入量高法主界面，按开始键，打开之前保存的图像。然后用鼠标左键顺次点击液滴的顶端和液滴的左、右两端与固体表面的交点。如果点击错误，可以点击鼠标右键，取消选定。

2. 表面张力的测定

（1）开机　将仪器插上电源，打开电脑，双击桌面上的 JC2000C1 应用程序进入主界面。点击界面右上角的活动图像按钮，这时可以看到摄像头拍摄的载物台上的图像。

（2）调焦　将进样器或微量注射器固定在载物台上方，调整摄像头焦距到 0.7 倍，然后旋转摄像头底座后面的旋钮调节摄像头到载物台的距离，使得图像最清晰。

（3）加入样品　可以通过旋转载物台右边的采样旋钮抽取液体，也可以用微量注射器压出液体。测表面张力时样品量为液滴最大时。这时可以从活动图像中看到进样器下端出现一个清晰的大液泡。

（4）冻结图像　当液滴欲滴未滴时点击界面的冻结图像按钮，再点击 File 菜单中的 Save as 将图像保存在文件夹中。

（5）悬滴法　单击悬滴法按钮，进入悬滴法程序主界面，按开始按钮，打开图像文件。然后顺次在液泡左右两侧和底部用鼠标左键各取一点，随后在液泡顶部会出现一条横线与液泡两侧相交，然后再用鼠标左键在两个相交点处各取一点，这时会跳出一个对话框，输入密度差和放大因子后，即可测出表面张力值。

注：密度差为液体样品和空气的密度之差；放大因子为图中针头最右端与最左端的横坐标之差再除以针头的直径所得的值。

【实验预期结果及分析】

列表或作图表示所得实验结果，初步解释所得结果的原因。

表 10-6　水在不同固体表面接触角的测量（实验温度_____）

固体表面	θ（量角法）/°			θ（量高法）/°
	左	右	平均	
玻璃				
涤纶				
金属				

表 10-7　醇类同系物在涤纶片和玻璃片上的接触角和表面张力的测定（实验温度_____）

醇类同系物	θ/°	$\cos\theta$	σ/mN/m
甲醇			
乙醇			
异丙醇			
正丁醇			

表 10-8　等温下不同浓度表面活性剂溶液在固体表面的接触角和表面张力的测定（实验温度_____）

浓度	θ/°		$\cos\theta$		σ/mN/m	W_a/（mN/m）		S/（mN/m）	
	涤纶	玻璃	涤纶	玻璃		涤纶	玻璃	涤纶	玻璃
0.01%									
0.02%									
0.03%									
0.04%									
0.05%									
0.10%									
0.15%									
0.20%									
0.25%									

表中 W_a 为黏附功；S 为铺展系数。

用所测得的表面张力数值对十二烷基苯磺酸钠溶液的浓度作图，根据其表面张力曲线了解表面活性剂的特性。

【要点提示及注意事项】

1. 严格按照接触角测定仪的操作步骤来测定样品的接触角。

2. 微量进样器应小心使用，准确控制进样量。

3. 测量的平衡时间为 60 秒，太长容易导致液体挥发。

【思考题】

1. 液体在固体表面的接触角与哪些因素有关？

2. 在本实验中，滴到固体表面上的液滴的大小对所测接触角读数是否有影响？为什么？

3. 实验中滴到固体表面上的液滴的平衡时间对接触角读数是否有影响？

实验八　表面活性剂的临界胶束浓度的测定（接触角法）

【实验目的】

1. 了解表面活性剂的临界胶束浓度的物理意义。

2. 了解并掌握接触角法测定 CMC 的测量原理和测定方法。

【实验原理】

表面活性剂开始大量形成球状胶束的最低浓度称为临界胶束浓度（CMC）。当表面活性剂溶液浓度达到临界胶束浓度时，除表面张力外，溶液的多种物理化学性质，如摩尔电导、黏度、渗透压、去污能力、接触角等都会急剧变化，变化情况如图 10-14 所示。

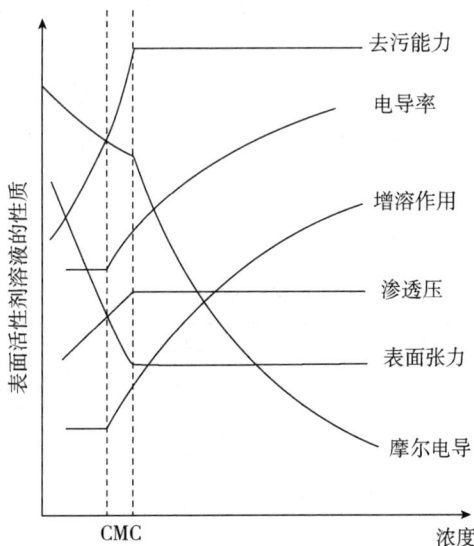

图 10-14　临界胶束浓度前后物理性质的变化

利用这些性质与表面活性剂浓度之间的关系，可以推测表面活性剂的临界胶束浓度。例如用测定电导率、表面张力等方法求表面活性剂的临界胶束浓度。而通过接触角的测定亦可测定 CMC。

接触角测定的基本理论是 Young 于 1805 年提出的 Young 方程，

$$\sigma_l = \sigma_l \cdot \cos\theta + \sigma_{s,l} \tag{10-41}$$

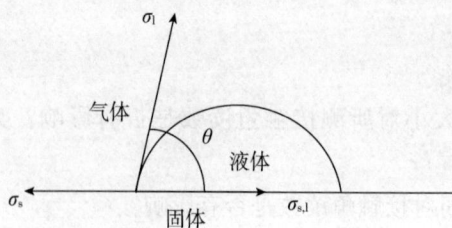

该方程描述了接触角和 3 个界面张力之间的关系，如图 10-15 所示。

对于给定的液/固/气（也可以是另一与液体互不相溶的流体相）三相体系，接触角应为特定的值。接触角的测量技术有很多种，其中应用最广泛的是影像分析法。本实验采用接触角测量仪进行测量，测定了不同浓度

图 10-15 接触角 θ 示意图

阳离子表面活性剂十六烷基三甲基溴化铵（CTAB）在疏水纤维表面的接触角。通过接触角的变化转折点找到表面活性剂的临界胶束浓度。

【实验器材】

1. 仪器

微量进样器 $50\mu L$，接触角测定仪 JC2000C1 型，超级恒温槽。

2. 试剂

六烷基三甲基溴化铵（分析纯），十二烷基苯磺酸钠（分析纯）。

【实验步骤】

称取一定量 CTAB，配制 0.01mol/L 的 CTAB 溶液；分别量取不同体积的 CTAB 溶液，然后稀释并配制成一系列不同浓度（9、9.1、9.2、9.25、9.3、9.35、9.4、9.5、9.8、10mmol/L）的溶液，待用。

取一定浓度的待测液润洗微量进样器，每次取 $5\mu L$ 的待测液，测量溶液在疏水纤维表面的接触角，测量的平衡时间为 60 秒，每种浓度测量 5 组数据，取平均值。

【实验预期结果及分析】

1. 把接触角测量结果填入表 10-9 中。

表 10-9　接触角测定结果表

浓度 (mmol/L)	接触角 (θ)					
	1	2	3	4	5	平均
9.0						
9.1						
9.2						
9.25						
9.3						
9.35						
9.4						
9.5						
9.8						
10.0						

2. 绘制接触角随浓度变化曲线。找出 CMC 值。

【要点提示及注意事项】

1. 测量的平衡时间为 60 秒，太长容易导致液体挥发。

2. 准确控制进样量。

【思考题】

1. 为什么接触角在 CMC 前后会发生明显变化？

2. CMC 的测定方法还有哪些？

实验九　双液系沸点的测定及 *T-x* 相图的绘制

【实验目的】

1. 采用回流冷凝法测定沸点时气相与液相的组成，绘制双液系（无水乙醇-正丙醇）的 $T-x$ 图。

2. 掌握阿贝折射仪的使用方法。

【实验原理】

典型的完全互溶双液系 $T\text{-}x$ 图可分为三类：①液体遵守拉乌尔定律或与拉乌尔定律的偏差不大，因此在 $T\text{-}x$ 图上，溶液的沸点介于 A、B 两纯物质沸点之间，如图 10-16（a）所示，如苯-甲苯二元系统。②A、B 两组分混合后与拉乌尔定律有较大正偏差，在 $T\text{-}x$ 图上出现最低点，如图 10-16（b）所示，如水-乙醇、苯-乙醇二元系统。③A、B 两组分相互影响，与拉乌尔定律有较大负偏差，在 $T\text{-}x$ 图上出现最高点，如图 10-16（c）所示，如盐酸-水、丙酮-氯仿等二元系统。

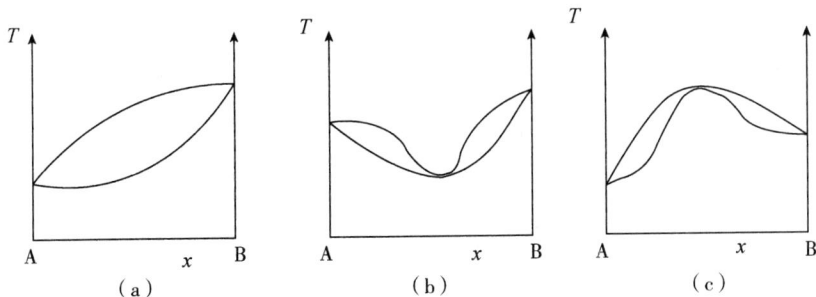

图 10-16　三种典型的二组分气液平衡相图

单组分液体在一定的外压下沸点为一定值，把两种完全互溶的挥发性液体混合后，在一定的温度下，若两组分的蒸气压不同，则混合溶液的组成与其平衡气相的组成不同。因此在恒压下，加热二组分的不同浓度液体至一定温度时，溶液沸腾，测定气液平衡时气相和液相的组成，就能绘出 $T\text{-}x$ 图。因为溶液的折射率与组成有关，故平衡时气液两相组成的分析，可使用折射仪测定。

【实验器材】

1. 实验仪器

沸点仪1台，阿贝折射仪1台，数字温度计1台，稳流电源（2A）1台，干燥吸液管20支（长度20cm、10cm各10支），擦镜纸若干张。

2. 试剂

无水乙醇（分析纯），正丙醇（分析纯）。

【实验步骤】

1. 配制含正丙醇约10%、25%、35%、50%、75%、85%、90%质量比的无水乙醇溶液（或由实验教师提前完成），倒入样品瓶备用，并按从稀到浓1~7进行编号。

2. 将超级恒温槽与阿贝折射仪相通，并调节使之恒温25℃。用少量乙醇洗净沸点仪（不可用水洗，为什么），在沸点仪中加入1号溶液，盖上测管磨口塞，上端塞入带有温度计探头和加热电阻丝的橡胶塞（注意：①电阻丝不能互相缠绕，以免短路；②温度计底部不能和电阻丝接触；③电阻丝应全部没入溶液中，以免引起燃烧）。实验装置如图10-17所示。

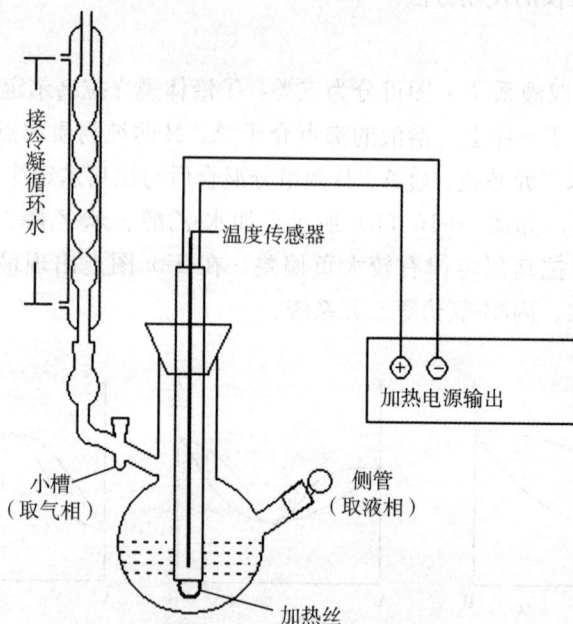

图10-17 沸点测定仪装置示意图

打开冷凝水，通电加热使溶液沸腾（加热电压约15V）。最初在冷凝管下端袋状部的液体不能代表平衡时气相的组成（为什么），为加速达到平衡可将袋状部内最初冷凝的液体倾回沸点仪底部，并反复2~3次，待温度读数恒定后记下沸点并停止加热。冷却后在冷凝管上口插入长吸液管吸取袋状部的蒸出液，迅速测其折射率。再用另一根短的吸液管，从沸点仪的加料口吸出液相液体迅速测其折射率（迅速测定是防止由于蒸发而改变成分）。每份样品需读数三次，取其平均值。

注意：实验后将液体倒回原瓶（供下一组同学继续使用，若被水等污染，不可倒回；如果倒错瓶子，应及时找实验老师进行更换，以免影响其他组同学使用）。

3. 同法将 2~7 号样品溶液进行实验，每次实验后的溶液均倒回原瓶中。

4. 最后进行乙醇和正丙醇的沸点测定（此步需用待测液洗净沸点仪，且不需要测定折射率）。测定后的液体倒入试剂回收瓶中，不必倒回原瓶，以免污染。

实验完毕，关闭电源、冷凝水，整理台面，本次实验用到的玻璃仪器不用水洗。

【实验预期结果及分析】

1. 绘制工作曲线。

已知 298K 下无水乙醇与正丙醇混合液的浓度与折射率 n_D^{25} 的数据如表 10-10 所示。

表 10-10　无水乙醇与正丙醇混合液的浓度与折射率数据表（298K）

正丙醇的摩尔百分数（%）	n_D^{25}
0.0	1.3592
7.7	1.3619
16.0	1.3642
24.6	1.3668
33.7	1.3691
43.2	1.3715
53.3	1.3740
63.8	1.3764
75.3	1.3789
87.3	1.3812
100.0	1.3839

用坐标纸绘出 n_D^{25} 与质量百分数的关系曲线，根据实验测定的结果，从图上查出气相冷凝液及液相的成分。

2. 记录数据，处理后填于表 10-11。

表 10-11　双液系沸点测定实验数据记录表

样品	沸点	气相折射率	气相组成（%）	液相折射率	液相组成（%）
乙醇		1.3592	0	1.3592	0
1					
2					
3					
4					
5					
6					
7					
正丙醇		1.3839	100	1.3839	100

3. 用以上所得数据以温度为纵坐标，正丙醇摩尔分数为横坐标，绘制其 T-x 相图，注明此图属于何种类型。

【要点提示及注意事项】

1. 本实验体系为乙醇、正丙醇。故实验装置不能用水洗，以免引起污染。

2. 倾倒小袋中液体回沸点仪 2～3 次时，动作要快，以免体系温度降低，延缓达到平衡时间。

3. 使用阿贝折射仪时，一定要事先校正。棱镜上不能触及硬物（如滴管），擦棱镜时需用擦镜纸。

【思考题】

1. 为何沸点仪小袋内的液体可以代表气相的组成？

2. 常规蒸馏时，二组分混合液体的沸点会一直上升，本实验沸腾一段时间后温度却保持不变，而不是一直升高，为什么？

第十一章 分散系的制备与性质实验 ▷▷▷▷

实验十 乳状液的制备和性质

【实验目的】

1. 掌握乳状液的制备和鉴别方法。

2. 了解乳状液的性质。

【实验原理】

在自然界、生产及日常生活中均经常接触到乳状液，如从油井中喷出的原油，橡胶类植物的乳浆，常见的一些杀虫用乳剂、牛奶、人造黄油等。

为了形成稳定的乳状液所必须加入的第三组分通常称为乳化剂，其作用在于不使分散质液滴相互聚结。许多表面活性物质可以做乳化剂，它们可以在界面上吸附，形成具有一定机械强度的界面吸附层，在分散相液滴的周围形成坚固的保护膜而稳定存在，乳化剂的这种作用称为乳化作用。通常，一价金属的脂肪酸皂，由于其亲水性大于其亲油性，界面吸附层能形成较厚的水溶剂化层，而能形成稳定的油/水型乳状液。而二价金属的脂肪酸皂，其亲油性大于其亲水性，界面吸附层能形成较厚的油溶剂化层，而能形成稳定的水/油型乳状液。

油/水型和水/油型乳状液外观是类似的，通常，将形成乳状液时被分散的相称为内相，而作为分散介质的相称为外相，显然内相是不连续的，而外相是连续的。鉴别乳状液类型的方法主要有下列各种。

稀释法：乳状液能为其外相液体性质相同的液体所稀释。例如牛奶能被水稀释。因此，如加一滴乳状液于水中，立即散开，说明乳状液的分散介质是水，故乳状液属油/水型。如不立即散开，则属于水/油型。

导电法：水相中一般都含有离子，故其导电能力比油相大得多。当水为分散介质，外相是连续的，则乳状液的导电能力大。反之，油为分散介质，水为内相，内相是不连续的，乳状液的导电能力很小。若将两个电极插入乳状液，接通直流电源并串联电流表，则电流表指针显著偏转为油/水型乳状液，若电流计指针几乎不偏转，为水/油型乳状液，见图 11-1。

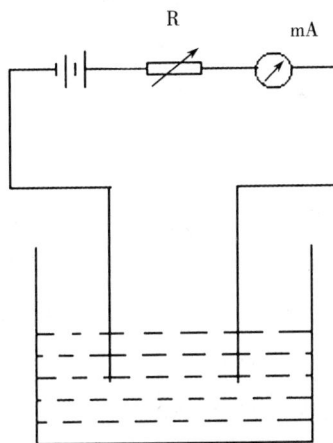

图 11-1 导电法鉴别乳状液类型

　　染色法：选择一种能溶于乳状液两个液相中的一个液相的染料，加入乳状液中。如将水溶性染料亚甲基蓝加入乳状液中，显微镜下观察，连续相呈蓝色，说明水是外相，乳状液是油/水型；若将油溶性染料苏丹红Ⅲ加入乳状液，显微镜下观察，连续相呈红色，说明油是外相，乳状液是水/油型。

　　乳状液无论是工业上还是日常生活都有广泛的应用，有时必须设法破坏天然形成的乳状液，如石油原油和橡胶类植物乳浆的脱水，牛奶中提取奶油，污水中除去油沫等都是破乳过程。破坏乳状液主要是破坏乳化剂的保护作用，最终使水油两相分层析出。

　　常用的破乳方法有：

　　（1）加入适量的破乳剂：破乳剂往往是反型乳化剂。如对于由油酸镁作乳化剂而形成的水/油乳状液，加入适量的油酸钠可使乳状液破坏。因为油酸钠亲水性强，能在界面上吸附，形成较厚的水化层，与油酸镁相对抗，互相降低它们的乳化作用，使乳状液稳定性降低而破坏。但若油酸钠加入过多，则其乳化作用占优势，水/油型乳状液可转相为油/水型乳状液。

　　（2）加入电解质：不同电解质可以产生不同作用。一般来说，在油/水型乳状液中加入电解质，可减薄分散相液滴表面的水化层，降低乳状液稳定性质，如在油/水型乳状液中加入适量 NaCl 可破乳，加入过量 NaCl 使界面吸附层的水化层比油溶剂化层更薄，则油/水型乳状液会转相为水/油型乳状液。

　　有些电解质与乳化剂发生化学反应，破坏其乳化能力或形成乳化剂，如在油酸钠稳定的乳状液中加入盐酸，生成油酸，失去乳化能力，使乳状液被破坏。

　　（3）用不能生成牢固保护膜的表面活性物质来替代原来的乳化剂，如异戊醇的表面活性大，但其碳链太短，不足以形成牢固的保护膜，起到破乳作用。

　　（4）加热：升高温度使乳化剂在界面上的吸附量降低，在界面上的乳化剂层变薄，降低了界面吸附层的机械强度。此外温度升高，降低了介质的黏度，增强了布朗运动，因此，减少了乳状液的稳定性，有助于乳状液的破坏。

　　（5）电场作用：在高压电场作用下，使荷电分散相变形，彼此连接合并，使分散度下降，造成乳状液的破坏。

【实验器材】

1. 仪器

100mL 具塞锥形瓶 2 只，试管 7 支，小玻璃棒 2 支，载玻片 2 个，盖玻片 2 个，显微镜 1 台，1 号电池 2 支，毫安表 1 个，电极 1 对。

2. 试剂

石油醚（分析纯），植物油，氢氧化钙饱和溶液，苏丹红Ⅲ油溶液，亚甲基蓝水溶液或高锰酸钾固体。

【实验步骤】

1. 乳状液的制备

取氢氧化钙饱和溶液 25mL 与灭菌后的植物油 25mL 混合，置于 100mL 具塞锥形瓶中，加塞用力振摇，便成乳状液（或于氢氧化钙饱和溶液中逐滴加入香油，并充分搅拌至乳白色。此乳状液是一种疗效颇佳的烫伤药）。

2. 乳状液的类型鉴别

（1）稀释法 取试管两支，分别装半管水、半管石油醚，然后用玻璃棒取乳状液少许，放入其中轻轻搅动，若为油/水型乳剂则可与水均匀混合，呈淡乳白色浑浊液。若是水/油型乳剂，则不易分散在水中，或聚结成一团附在玻璃棒上，或成为小球状浮于水面。

（2）染色法 取乳状液一滴，加苏丹红Ⅲ油溶液一滴。制片镜检，则水/油型乳状液连续相染红色，油/水型乳状液分散相染红色。

取乳状液一滴，加亚甲基蓝水溶液一滴，制片镜检，则水/油型乳状液分散相染蓝色，油/水型乳状液连续相染蓝色。

（3）导电法 取两个干净试管，分别加入少许乳状液，按图11-1连接线路，鉴别乳状液的类型（或用电导率仪器，分别测乳状液的电导率值，鉴别乳状液的类型）。

3. 乳状液的破坏和转相

（1）取乳状液2mL放入试管中，在水浴中加热，观察现象。

（2）取2～3mL乳状液于试管中，逐滴加入饱和NaCl溶液，剧烈振荡，观察乳状液有无破坏和转相（是否转相用稀释法）。

（3）取2～3mL乳状液于试管中，逐滴加入浓钠肥皂水（用开水泡肥皂制得），剧烈振荡，观察乳状液有无破坏和转相（是否转相用稀释法）。

【实验预期结果及分析】

用带颜色的笔画出在显微镜下观察到的乳状液被染色的情况，并判断该乳状液类型。

【思考题】

1. 在乳状液制备中为什么要剧烈振荡？

2. 乳状液的稳定性主要取决于什么？

3. 在乳状液的破坏和转相实验中，除了稀释法之外，还有哪些方法可以判断是否转相，哪种方法最方便？

实验十一 溶胶的制备与性质

【实验目的】

1. 了解溶胶制备的简单方法。

2. 了解溶胶净化的方法及作用。

3. 熟悉溶胶的基本性质。

4. 掌握由电泳计算胶粒移动速度及电动电位的计算方法。

【实验原理】

固体以胶体分散程度分散在液体介质中即得溶胶。溶胶的基本特征：①多相体系，相界面很大；②高分散度，胶粒大小在 $1\sim100nm$ 之间；③热力学不稳定体系，有相互聚结而降低表面积的倾向。溶胶的制备方法可分为两类：一是分散法，把较大的物质颗粒变为胶体大小的质点；二是凝聚法，把分子或离子聚合成胶体大小的质点。本实验采取凝聚法制备几种溶胶。

制备 $Fe(OH)_3$ 溶胶，原理如下：

$$FeCl_3+3H_2O\rightarrow Fe(OH)_3+3HCl$$
$$Fe(OH)_3+HCl\rightarrow FeOCl+2H_2O$$
$$FeOCl\rightarrow FeO^++Cl^-$$
$$[Fe(OH)_3]_n+mFeO^+\rightarrow \{[Fe(OH)_3]_n\cdot mFeO^+\cdot (m-x)\ Cl^-\}^{x+}\cdot xCl^-$$

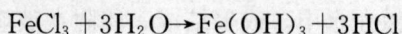

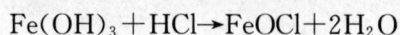

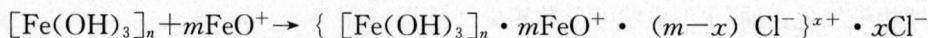

溶液中少量的氯离子可以作为稳定剂离子，但太多的离子会影响溶胶的稳定性，故必须用渗析法除去。松香溶胶的制备原理为采用溶剂更换法，将酒精松香溶液滴入水中，松香可溶于酒精，但不溶于水，在水中松香分子聚结为小颗粒。AgI 溶胶的制备是将 $AgNO_3$ 溶液与 KI 溶液混合，刚刚生成的细小沉淀由于搅拌来不及聚合成较大粒子，因而能成为溶胶。

溶胶的性质包括四个方面：光学性质、动力学性质、表面性质与电学性质。

溶胶属热力学不稳定体系，外加电解质时易发生凝聚，但在大分子溶液的保护下，稳定性大大加强，抗凝结能力也增强。溶胶粒子的带电原因有三方面，即胶核的选择吸附、表面分子的电离和两相接触生电。

在外加电场的作用下，带电的胶粒会向一定的方向移动，这种现象称为电泳。解释电泳现象及电解质对胶体稳定性影响的理论是扩散双电层理论。

双电层分为紧密层（吸附层）和扩散层，胶核为固相，胶核表面带电的离子称为决定电位的离子，溶液中的部分反离子因静电引力紧密地吸附排列在定位离子附近，紧密层由决定电位的离子和这部分反离子构成，紧密层和胶核组成了胶粒，胶粒移动时紧密层随之一起运动。紧密层的外界面称为滑移界面，滑移界面以外为扩散层。在胶团中，胶核为固相，吸附层和扩散层为液相。

扩散层的厚度随反离子扩散到多远而定，反离子扩散得越远，扩散层越厚。从胶核表面算起，反离子浓度由近及远逐步下降，降低到浓度等于零的地方即为扩散层的终端，此处的电位等于零。

扩散双电层模型认为，反离子在溶胶中的分布不仅取决于胶粒表面电荷的静电吸引，还决定于力图使反离子均匀分布的热运动。这两种相反作用达到平衡时，形成扩散双电层。从胶核表面到扩散层终端（溶液内部电中性处）的总电位称为表面电位，从滑移界面到扩散层终端的电位称为动电位或 ζ-电位。ζ-电位在该扩散层内以指数关系减小。扩散层越厚，ζ-电位也越大，溶胶越稳定。

若于溶胶中加入电解质，ζ-电位将减少，当 ζ-电位小于 $0.03V$ 时，溶胶即变得不稳定。继续加入过量电解质，ζ-电位将改变符号，溶胶变为与原来电性相反的溶胶，称为溶胶的再带电现象。

随着电解质的加入，扩散层中的离子平衡被破坏，有一部分反离子进入紧密层，从而使ζ-电位发生变化。随着溶液中反离子浓度不断增加，ζ-电位逐渐下降，扩散层厚度亦相应被"压缩"变薄。当电解质增加到某一浓度时，ζ-电位降为零，称为等电点，这时溶胶的稳定性最差。继续加入电解质，则出现溶胶的再带电现象。

某些高价反离子或异号大离子由于吸附性能很强而大量进入吸附层，牢牢地贴近在固体表面，可以使ζ-电位发生明显改变，甚至反号。

ζ-电位的大小可衡量溶胶的稳定性。ζ-电位的计算公式为：

$$\zeta = \frac{4\pi\eta u}{DH} \times (9 \times 10^9) = \frac{4\pi\eta Ls}{DEt} \times (9 \times 10^9)$$

式中，D 是介质的介电常数，η 是介质的黏度，H 为电位梯度（E/L，单位距离的电压降），E 为两电极间的电位差，L 为两电极间沿电泳管的距离，u 为电泳的速度（界面移动速度），s 为 t 时间内界面移动的距离。式中各量的单位均为 SI 单位。

【实验器材】

1. 仪器

电泳仪一套，电炉（300W）一只，直流稳定电源一台，具暗视野镜头显微镜一台（公用），试管架（小试管 5 只以上），250mL 锥形瓶一只，250mL 烧杯一只，800mL 烧杯一只，250mL 分液漏斗一只。

2. 试剂

2％ $FeCl_3$ 溶液，火棉胶溶液，2％酒精松香溶液，0.01mol·L^{-1} $AgNO_3$，0.01mol·L^{-1} KI，0.1mol·L^{-1} $CuSO_4$，1mol·L^{-1} Na_2SO_4，2mol·L^{-1} NaCl，0.5％白明胶溶液，稀盐酸辅助液，KNO_3辅助液。

【实验步骤】

1. Fe(OH)₃胶体溶液的制备

在 250mL 烧杯中加入 95mL 蒸馏水，加热至沸，逐滴加入 5mL 2％ $FeCl_3$ 溶液，并不断搅拌，加完后继续沸腾几分钟，由于水解反应，得红棕色氢氧化铁溶胶。

2. 半透膜的制备

做半透膜的火棉胶使用的是纤维素与硝酸结合而成的低氮硝化纤维素，可取酒精与乙醚各 50mL 混合，加 8g 低氮硝化纤维素，溶解即得（实验室预先制备）；也可选用市售的火棉胶溶液直接制备半透膜。半透膜的孔径大小与半透膜的干燥时间长短有关，时间短则膜厚而孔大，透过性强；时间长则膜薄而孔小，透过性弱。

取一干燥的 150mL 锥形瓶，倒入几毫升火棉胶溶液，小心转动锥形瓶，使之在锥形瓶上形成均匀薄层，倾出多余的火棉胶液倒回原瓶，倒置锥形瓶于铁圈上，让剩余的火棉胶液流尽，并让溶剂挥干；几分钟后，在瓶口剥开一部分膜，在此膜与瓶壁间加几毫升水，用水使膜与瓶壁分开，轻轻取出所成之袋，即得半透膜。在袋中加入少量清水，检验袋里是否有漏洞，若有漏洞，只需擦干有洞的部分，用玻璃棒蘸少许火棉胶液补上即可。

3. Fe(OH)₃溶胶的净化

把制得的 Fe(OH)$_3$ 溶胶置于半透膜内，捏紧袋口，置于大烧杯内，先用自来水渗析 10 分钟，再换成蒸馏水渗析 5 分钟。

4. 松香溶胶的制备

取一支小试管，加几毫升水，滴 1 滴 2% 酒精松香溶液，摇匀，即可制得松香溶胶。

5. 两种 AgI 溶胶的制备

（1）取 20mL 0.01mol·L^{-1}AgNO$_3$溶液置 50mL 烧杯中，于搅拌下缓慢滴入 16mL 0.01mol·L^{-1}KI 溶液，制得溶胶 A。

（2）取 20mL 0.01mol·L^{-1}KI 溶液置 50mL 烧杯中，于搅拌下缓慢滴入 16mL 0.01mol·L^{-1} AgNO$_3$溶液，制得溶胶 B。

6. 溶胶的性质

（1）光学性质（丁铎尔现象）　在暗室中将 CuSO$_4$溶液、Fe(OH)$_3$溶胶、松香溶胶、AgI 溶胶、水等放入标本缸中，用聚光灯照射，从侧面观察乳光强度大小，并进行比较，区别溶胶与溶液。

（2）动力学性质　将制得的酒精松香溶胶蘸一点在载玻片上，加一盖玻片，放在暗视野显微镜下，调节聚光器，直到能看到胶体粒子的无规则运动（即布朗运动）。

（3）电学性质　取一 U 形电泳管洗净，加几毫升 KNO$_3$辅助液调至活塞内无空气，从小漏斗中加入 AgI 溶胶 A，不可太快，否则界面易冲坏，等界面升到所需刻度，插上铂电极，通直流电（40V）后，观察界面移动方向，判断溶胶带什么电荷。同法观察 AgI 溶胶 B。

7. 溶胶的凝聚与大分子溶液的保护作用

（1）凝聚　在 2 支小试管中各注入约 2mL Fe(OH)$_3$溶胶，分别滴加 NaCl 与 Na$_2$SO$_4$溶液，观察比较产生凝聚现象时，电解质溶液的用量各是多少。

（2）大分子溶液的保护作用　取 3 支小试管，各加入 1mL Fe(OH)$_3$溶胶，分别加入 0.01mL、0.1mL 及 1.0mL 0.5% 白明胶液，然后加蒸馏水使 3 管总量相等。各再加 1mL 浓度为 2mol·L^{-1} NaCl 溶液，观察哪一管发生凝聚，如在最前的两支试管内有凝聚现象时，则表示保护作用发生在 0.1mL 及 1.0mL 之间，为了更准确地测定，应当再用 0.2mL、0.5mL 及 0.7mL 白明胶进行试验，以此类推，最后能较准确确定保护作用是在哪一条件下发生的。

8. 电泳速度与ζ-电位的测定

取一 U 形电泳管洗净，加稀盐酸辅助液调至电泳管分叉处，调整活塞内至无气泡；利用高位槽（分液漏斗）从 U 形电泳管下部加入氢氧化铁溶胶，小心开启活塞，让氢氧化铁缓慢上涌，不可太快，否则界面易被冲坏；直到界面升至 U 形管分叉处，可再将界面上升速度调快些，等界面升到所需刻度，关上活塞，插上铂电极，画上划线，通直流电（15V）后记录时间（实验室注意观察两极有何现象，两极各发生什么反应）。待液面上升（或下降）1cm 后，记录时间，关闭电源。准确测量两电极间沿电泳管的距

离 L，计算 ζ-电位。

【实验预期结果及分析】

请根据实验过程详细记录实验现象，并进行讨论总结。

【思考题】

1. 制得的溶胶为什么要净化？加速渗析可以采取什么措施？

2. $Fe(OH)_3$溶胶电泳时两电极分别发生什么反应？试用电极反应方程式表示之。

第十二章　物理化学综合设计性实验 ▷▷▷▷

实验十二　固液界面上的吸附

【实验目的】

1. 通过测定活性炭在醋酸溶液中的吸附，验证弗伦特立希（Freundlich）吸附等温式。

2. 做出在水溶液中用活性炭吸附醋酸的吸附等温线，求出 Freundlich 等温式中的经验常数。

3. 了解固体吸附剂在溶液中的吸附特点。

【实验原理】

活性炭是一种高分散的多孔性吸附剂，在一定温度下，它在中等浓度溶液中的吸附量与溶质平衡浓度的关系，可用 Freundlich 吸附等温式表示：

$$\frac{x}{m}=kc^{\frac{1}{n}} \tag{12-1}$$

式中，m 为吸附剂的质量（g）。x 为吸附平衡时吸附质被吸附的量（mol）。$\frac{x}{m}$ 为平衡吸附量（mol/g）。c 为吸附平衡时被吸附物质留在溶液中的浓度（mol/L）。k、n 为经验常数（与吸附剂、吸附质的性质和温度有关）。

将式（12-1）取对数，得

$$\lg\frac{x}{m}=\frac{1}{n}\lg c+\lg k \tag{12-2}$$

以 $\lg\frac{x}{m}$ 对 $\lg c$ 作图，可得一条直线，直线的斜率等于 $\frac{1}{n}$，截距等于 $\lg k$，由此可求得 n 和 k。

【实验器材】

1. 仪器

150mL 磨口具塞锥形瓶六个，150mL 锥形瓶六个，长颈漏斗六个，称量瓶一个，50mL 酸式、碱式滴定管各一支，5mL 移液管一支，10mL 移液管两支，25mL 移液管三支，台称一台，恒温振荡器一套，定性滤纸若干。

2. 试剂

粉末活性炭，0.4mol/L HAc 溶液，0.1000mol/L NaOH 标准溶液，酚酞指示剂。

【实验步骤】

1. 将 6 个干燥洁净的具塞锥形瓶编号，并各称入 2.0g 粉末活性炭（用减量法在台秤上准确称量）。然后用滴定管按表 12-1 分别加入 0.4mol/L HAc 和蒸馏水，并立即盖上塞子，置于 25℃恒温振荡器中摇荡一小时（若无振荡器，则在室温下手工振摇）。

2. 滤去活性炭，用初滤液（约 10mL）分两次洗涤接收于锥形瓶后弃去，收集续滤液。

3. 从各号滤液中按表 12-1 所列的体积取样，以酚酞为指示剂，用 0.1000mol/L NaOH 标准溶液各滴定两次，碱量取平均值记入表 12-1。

注意事项：操作过程中应加塞瓶盖，以防醋酸挥发。

【实验预期结果及分析】

1. 将实验数据记入表 12-1。

表 12-1　活性炭对醋酸的吸附

温度_____℃　大气压_____KPa　NaOH 浓度_____mol/L

序号	1	2	3	4	5	6
0.4mol/L HAc（mL）	80.00	40.00	20.00	12.00	6.40	3.20
蒸馏水（mL）	0.00	40.00	60.00	68.00	73.60	76.80
HAc 初浓度 c_0（mol/L）						
加入活性炭量 m（g）						
平衡取样量 V（mL）	5.00	10.00	10.00	25.00	25.00	25.00
NaOH 消耗量（mL）						
HAc 平衡浓度（mol/L）						
$\frac{x}{m}$（mol/g）						
lg$c$						
lg$\frac{x}{m}$						

2. 计算吸附前各瓶中醋酸的初浓度 c_0 和吸附平衡时的浓度 c，并按下式计算吸附量一同填入表 12-1。

$$\frac{x}{m}=\frac{V(c_0-c)}{m}\times\frac{1}{1000} \tag{12-3}$$

式中 V 为被吸附溶液的总体积（mL）。

3. 绘制 $\frac{x}{m}$ 对 c 的吸附等温线。

4. 以 lg$\frac{x}{m}$ 对 lg$c$ 作图，从所得直线的斜率和截距，计算经验常数 n 和 k。

【要点提示及注意事项】

1. 操作过程中应尽量加塞瓶盖，以防醋酸挥发。
2. 活性炭容易吸附空气中的其他杂质，不可在空气中长期放置。

【思考题】

1. 固体吸附剂的吸附量大小与哪些因素有关？
2. 在过滤分离活性炭时，为什么要弃去最初的一小部分滤液？

实验十三　黏度法测定高分子摩尔质量

【实验目的】

1. 掌握用毛细管黏度计测定高分子溶液黏度的原理和方法。
2. 测定聚乙烯醇（聚乙二醇）的黏均摩尔质量。

【实验原理】

摩尔质量是表征高分子性质的重要参数之一，但高分子几乎都是由大小不等的一系列分子所组成，所以高分子的摩尔质量是一个统计平均值。根据测量方法不同可以获得高分子的重均摩尔质量、数均摩尔质量等，用黏度法测得的是黏均摩尔质量，适用于摩尔质量范围为 $10^4 \sim 10^6$。

黏度是指液体流动时所表现的阻力，反映相邻液体层之间相对移动时的一种内摩擦力。液体在流动过程中必须克服内摩擦阻力而做功，其所受阻力的大小可用黏度系数 η（简称黏度）来表示。

高分子溶液的特点是黏度特别大，原因在于其分子链长度远大于溶剂分子，加上溶剂化作用，使其在流动时受到较大的内摩擦阻力。

高分子稀溶液的黏度是液体流动时内摩擦力大小的反映。纯溶剂黏度反映了溶剂分子间的内摩擦力，记作 η_0。高分子溶液的黏度则是高分子与高分子间的内摩擦、高分子与溶剂分子间的内摩擦及 η_0 三者之和。在相同温度下，通常 $\eta > \eta_0$，相对于溶剂，溶液黏度增加的分数称为增比黏度，记作 η_{sp}，即

$$\eta_{sp} = (\eta - \eta_0)/\eta_0 \tag{12-4}$$

而溶液黏度与纯溶剂黏度的比值称作相对黏度，记作 η_r，即

$$\eta_r = \eta/\eta_0 \tag{12-5}$$

η_r 反映的也是溶液的黏度行为，而 η_{sp} 则意味着已扣除了溶剂分子间的内摩擦效应，仅反映了高分子与溶剂分子间和高分子与高分子间的内摩擦效应。

高分子溶液的增比黏度 η_{sp} 往往随质量浓度 c 的增加而增加。为了便于比较，将单位浓度下所显示的增比黏度 η_{sp}/c 称为比浓黏度，而 $\ln\eta_r/c$ 则称为比浓对数黏度。当溶液无限稀释时，高分子间彼此相隔甚远，它们的相互作用可忽略，此时有关系式：

$$\lim_{c \to 0} \frac{\eta_{sp}}{c} = \lim_{c \to 0} \frac{\ln\eta_r}{c} = [\eta] \tag{12-6}$$

[η] 称为特性黏度，它反映的是无限稀释溶液中高分子与溶剂分子间的内摩擦，其值取决于溶剂的性质及高分子的大小和形态。由于 η_r 和 η_{sp} 均是无因次量，所以 [η] 的单位是质量浓度 c 单位的倒数。

在足够稀的高分子溶液里，η_{sp}/c 与 c 和 $\ln\eta_r/c$ 与 c 之间分别符合下述经验关系式：

$$\eta_{sp}/c = [\eta] + \kappa [\eta]^2 c \tag{12-7}$$

$$\ln\eta_r/c = [\eta] - \beta [\eta]^2 c \tag{12-8}$$

上两式中 κ 和 β 分别称为 Huggins 和 Kramer 常数。这是两直线方程，通过 η_{sp}/c 对 c 或 $\ln\eta_r/c$ 对 c 作图，外推至 $c=0$ 时所得截距即为 [η]。显然，对于同一高分子，由两线性方程作图外推所得截距交于同一点，如图 12-1 所示。

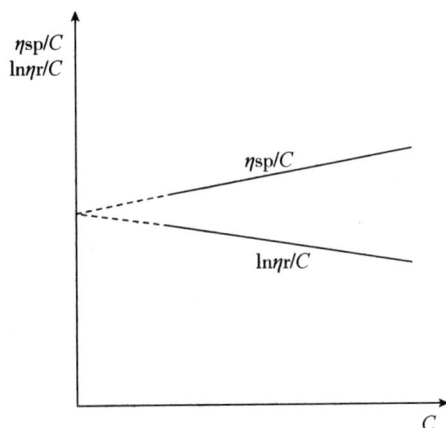

图 12-1 外推法求特性黏度图

高分子溶液的特性黏度 [η] 与高分子摩尔质量之间的关系，通常用带有两个参数的 Mark-Houwink 经验方程式来表示：

$$[\eta] = K \cdot \overline{M}_\eta^\alpha \tag{12-9}$$

式中，$\overline{M}_\eta$ 是黏均摩尔质量，K、α 是与温度、高分子及溶剂的性质有关的常数，只能通过一些绝对实验方法（如膜渗透压法、光散射法等）确定。聚乙烯醇水溶液在 25℃时，$K=2\times10^{-2}$，$\alpha=0.76$；在 30℃时，$K=6.66\times10^{-2}$，$\alpha=0.64$。

本实验采用毛细管法测定黏度，通过测定一定体积的液体流经一定长度和半径的毛细管所需时间而获得。当液体在重力作用下流经毛细管时，其遵守 Poiseuille 定律：

$$\frac{\eta}{\rho} = \frac{\pi k l h g r^4}{8LV} - m\frac{V}{8\pi Lt} \tag{12-10}$$

式中，η 为液体的黏度 [kg/(m·s)]；ρ 是液体密度；g 为重力加速度；h 为流经毛细管液体的平均液柱高度；r 为毛细管的半径；V 为流经毛细管的液体体积；t 为 V 体积液体的流出时间；L 为毛细管的长度；m 为毛细管末端校正的参数（一般在 $r/L\ll1$ 时，可以取 $m=1$）。

上式等号右边第二项为动能校正项。用同一黏度计在相同条件下测定两个液体的黏度时，上式可写成：

$$\frac{\eta}{\rho} = At - \frac{B}{t} \tag{12-11}$$

式中，$B < 1$，当流出的时间 t 在 2 分钟左右（大于 100 秒），该项可以忽略。又因通常测定是在稀溶液中进行（$c < 10 kg/m^3$），所以溶液的密度和溶剂的密度近似相等，因此可将 η_r 写成

$$\eta_r = \frac{\eta}{\eta_0} = \frac{t}{t_0} \tag{12-12}$$

所以只需测定溶液和溶剂在毛细管中的流出时间就可得到 η_r。

【实验器材】

1. 仪器

恒温槽一套，乌氏黏度计一支，50mL 具塞锥形瓶两只，5mL 移液管一支，10mL 移液管两支，25mL 容量瓶一只，秒表（0.1 秒）一只。

2. 试剂

聚乙烯醇（A. R.），聚乙二醇（A. R.）。

3. 其他

洗耳球一只，细乳胶管两根，弹簧夹两个，恒温槽夹三个，吊锤一只。

【实验步骤】

1. 将恒温水槽调至 25℃。

2. 溶液配制：准确称取聚乙烯醇 0.6g（准确至 0.001g）于 100mL 具塞锥形瓶中，加入约 60mL 蒸馏水溶解。因其不易溶解，可在 60℃ 水浴中加热数小时，待其颗粒膨胀后，放在电磁搅拌器上加热搅拌，加速其溶解。溶解后，小心转移至 100mL 容量瓶中，将容量瓶置入恒温水槽内，加蒸馏水稀释至刻度（或由教师准备）。如果用聚乙二醇，溶液浓度可以为 0.2%～2%。

3. 测定溶剂流出时间 t_0：将黏度计（本实验使用的乌氏黏度计如图 12-2 所示）垂直夹在恒温槽内，用吊锤检查是否垂直。将 20mL 纯溶剂自 A 管注入黏度计内，恒温数分钟，夹紧 C 管上连接的乳胶管，同时在连接 B 管的乳胶管上接洗耳球慢慢抽气，待液体升至 G 球的 1/2 左右即停止抽气，打开 C 管乳胶管上夹子使毛细管内液体同 D 球分开，用秒表测定液面在 a、b 两线间移动所需时间。重复测定 3 次，每次相差不超过 0.3 秒，取平均值。

4. 测定溶液流出时间 t：取出黏度计，倒出溶剂，用少量待测液润洗三次。用移液管吸取 15mL 已恒温的高分子溶液，同上法测定流经时间。再用移液管加入 5mL 已恒温的溶剂，用洗耳球从 C 管鼓气搅拌并将溶液慢慢地抽上流下数次使之混

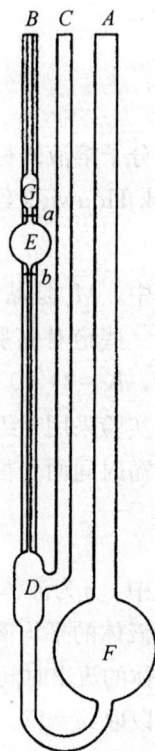

图 12-2　乌氏黏度计

合均匀，再如上法测定流经时间 t。同样，依次再加入 5mL、10mL、20mL 溶剂，逐一测定溶液的流经时间。

实验结束后，将溶液倒入回收瓶内，用溶剂仔细冲洗黏度计 3 次，最后用溶剂浸泡，备下次用。

【实验预期结果及分析】

1. 按表 12-2 记录并计算各种数据。

表 12-2　实验数据记录

编号	1	2	3	4	5	6
溶液量（mL）						
溶剂量（mL）						
溶液浓度						
t_1						
t_2						
t_3						
t（平均）						
η_r						
η_{sp}						
$\ln\eta_r$						
$(\ln\eta_r)/c$						
$(\eta_{sp})/c$						
$[\eta]=$	$\overline{M_\eta}=$					

2. 以 $(\ln\eta_r)/c$ 及 $(\eta_{sp})/c$ 分别对 c 作图，作线性外推至 $c \to 0$ 求 $[\eta]$。

在作图的过程中，由于高聚物结构和形态及一些不太明确的原因，可能会出现异常图像，无法用外推求得 $[\eta]$ 时，可按照 η_{sp}/c-c 的直线来求 $[\eta]$ 值。

3. 取常数 K、α 值，计算出聚乙烯醇的黏均摩尔质量 $\overline{M_\eta}$。

【要点提示及注意事项】

1. 黏度计必须洁净，如毛细管壁上挂水珠，需用洗液浸泡。

2. 高分子在溶剂中溶解缓慢，配制溶液时必须保证其完全溶解，否则会影响溶液起始浓度，而导致结果偏低。

3. 溶剂和样品在恒温槽中恒温后方可测定。

4. 测定时黏度计要垂直放置，实验中不要振动黏度计，否则影响结果的准确性。

5. 测定过程中，液体样品中不可带入小气泡或灰尘颗粒，以防堵塞毛细管。

【思考题】

1. 乌氏黏度计中的支管 C 的作用是什么？能否去除 C 管改为双管黏度计使用？为什么？

2. 在测定流出时间时，如果 C 管的夹子忘记打开，所测的流出时间正确吗？为什么？

3. 黏度计为何必须垂直，为什么总体积对黏度测定没有影响？
4. 黏度计毛细管太粗或太细对实验有什么影响？

实验十四　中药的离子透析

【实验目的】

1. 掌握离子透析的原理。
2. 学会电导率仪的使用方法，了解其应用。

【实验原理】

近年来，临床上常用中药通过离子透析的方式来治疗疾病，此法对某些疾病的疗效很显著，在治疗中无不适之感，易于被人们所接受。

该法的治疗原理是在电场的作用下，药液中的离子向电性相反的电极迁移，离子在迁移过程中透过皮肤进入肌体内部，起治疗作用。然而，凡是起治疗作用的离子不论是阳离子还是阴离子，都必须能透过皮肤，否则起不到治疗疾病的作用。

确定某一药物是否可用于离子透析法治疗，决定于两点：①有效成分必须是离子；②粒子大小必须小于或等于 1nm。

本实验的根据是，皮肤是半透膜，人造火棉胶也是一种半透膜，其特点是允许某些离子自由通过，而有些离子如高分子离子则不能通过。其通透性和皮肤相似，可用火棉胶代替皮肤做探讨。

【实验器材】

1. 仪器

电泳仪一台，直流稳压电源一台，电导率仪一台，安培计一台，秒表一只，石墨电极（或铂电极）两个，电键、导线若干，1000mL 烧杯六个，100mL 烧杯三个，50mL 量筒一个，半透膜。

2. 试剂

蒸馏水，黄芪，当归，金银花。

【实验步骤】

1. 测定自来水的电导

将 50mL 自来水装入 100mL 烧杯中，测定其电导率。

2. 测定蒸馏水的电导

将 50mL 蒸馏水装入 100mL 烧杯中，测定其电导率。

3. 药液的制备

取 50g 黄芪置于 1000mL 烧杯中，加入 500mL 蒸馏水煎煮 30 分钟，减压抽滤，取滤液备用。同法分别制备当归、金银花药液。

4. 药液电导率的测定

将 50mL 黄芪煎煮液装入 100mL 烧杯中，测定其电导率。同法分别测定当归、金银花煎煮液的电导率。

5. 中药离子透析液电导率的测定

在制备好的 2 个半透膜袋中均装入 3mL 黄芪煎煮液，分别放入已注入一定量蒸馏水的电泳仪中（图 12-3），使液面距电泳仪管口约 3cm，于不同时间测定其（无电场存在时）电导率。然后将两电极插入电泳仪两侧的支管中，按图接好线路接通电路，再于不同时间（0、5、10、15、20、25、30 分钟）测定其（有电场存在时）电导率。

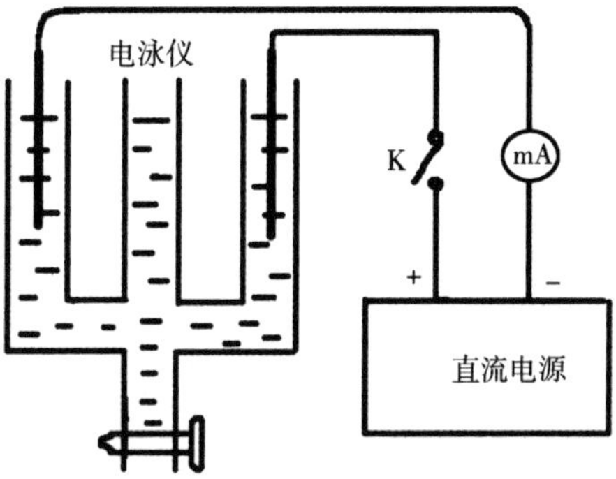

图 12-3　电场下中药离子透析实验装置

用同样的方法分别测定当归、金银花的电导率。

【实验预期结果及分析】

1. 记录实验数据并填入表 12-3、表 12-4 中。

表 12-3　不同液体的电导率

样品名称	电导率（S/m）
自来水	
蒸馏水	
黄芪煎煮液	
当归煎煮液	
金银花煎煮液	

表 12-4　黄芪、当归、金银花透析液电导率

时间/min	黄芪电导率（S/m）		当归电导率（S/m）		金银花电导率（S/m）	
	无电场	有电场	无电场	有电场	无电场	有电场

2. 在同一坐标系中绘制三种透析液电导率随时间变化关系图，比较三者之间的差别。

【要点提示及注意事项】

1. 正确使用电导率仪的单位。

2. 电极使用时应小心，电极使用完，应该用蒸馏水浸泡。

【思考题】

为什么从皮肤给药能起到治疗疾病的效果？

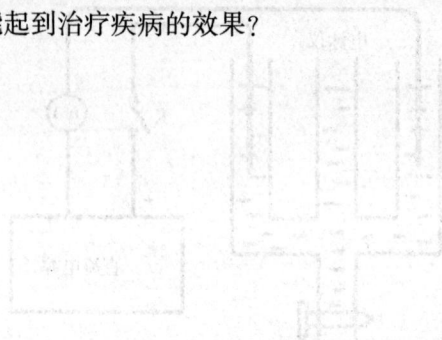

第十三章　常用物理化学仪器的原理与使用方法 ▷▷▷▷

第一节　阿贝折射仪的使用方法

一、仪器原理

折射率是指在钠光谱 D 线、20℃的条件下，空气中的光速与被测物中的光速之比，或光自空气通过被测物时的入射角与折射角的正弦之比。折射率是透明物质的一个重要物理参数，测定折射率是有机化合物定性鉴定的一种方法，而且与物质的密度、温度、压力等因素有关。由于它能方便地测定万分之一的精度，比熔点、沸点等物理常数的测定精确度更高，所以经常通过测定物质的折射率来求物质的浓度、密度等。

阿贝折射仪是测定折射率的常用仪器，它是基于光的折射现象和临界角的基本原理设计而成。其构造如图 13-1 所示，左面有一个镜筒和一个刻度盘，上面刻有 1.3000～1.7000 的格子。右面也有一个镜筒，是测量望远镜，用来观察折光情况，筒内装有消色散镜。光线由反射镜反射入下面的棱镜，以不同入射角射入两个棱镜之间的液层，然后再射到上面的棱镜的光滑表面上，由于它的折射率很高，一部分光线可以再经过折射进入空气而达到测量望远镜，另一部分光线则发生反射。

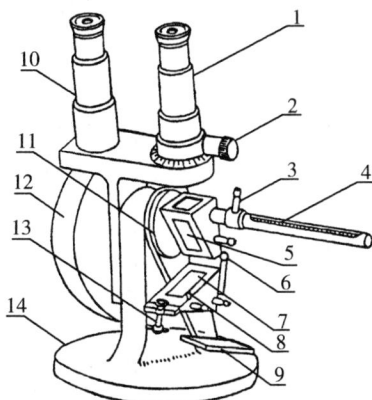

图 13-1　阿贝折射仪的构造

1. 测量望远镜；2. 消色散手柄；3. 恒温水出口；4. 温度计；5. 测量棱镜；6. 铰链；7. 辅助棱镜；
8. 加热槽；9. 反射镜；10. 读数望远镜；11. 转轴；12. 刻度盘罩；13. 锁钮；14. 底座

二、使用方法

1. 将阿贝折射仪与恒温水浴连接，调节所需要的温度，同时检查保温套的温度计是否精确。然后通过锁钮打开直角棱镜，用丝绢或擦镜纸蘸少量乙醇、乙醚或丙酮轻轻擦洗上下镜面，不可来回擦，只可单向擦。待晾干后方可使用。

图 13-2　阿贝折射仪在临界角时的目镜视野图

2. 阿贝折射仪的量程为 1.3000～1.7000，精密度为±0.0001，温度应控制在±0.1℃的范围内。恒温达到所需温度后，将待测样品的液体 2～3 滴均匀地置于磨砂面棱镜上（滴加样品时应注意，切勿使滴管尖端直接接触镜面，以防造成刻痕）。关紧棱镜，调好反光镜使光线射入。滴加液体过少或分布不均匀，就看不清楚。对于易挥发液体，应以敏捷熟练的动作测其折光率。

3. 先轻轻转动左面刻度盘旋钮，在测量望远镜（右）镜筒内找到黑白明暗分界线。若分界线出现彩色光带，则通过消色散手柄调节消色散镜，使明暗界线清晰。再转动左面刻度盘，使分界线对准交叉线中心，从左侧读数望远镜记录折射率，并记录测量温度。重复 1～2 次。

4. 测完后，应立即以步骤 1 的方法擦洗上下镜面，晾干后再关闭。

三、阿贝折射仪的刻度盘

阿贝折射仪刻度盘分两排，右侧为折光率，左侧读数特指当待测样为蔗糖溶液时对应的蔗糖浓度。当待测液不是蔗糖溶液时，仅读右侧折光率即可。

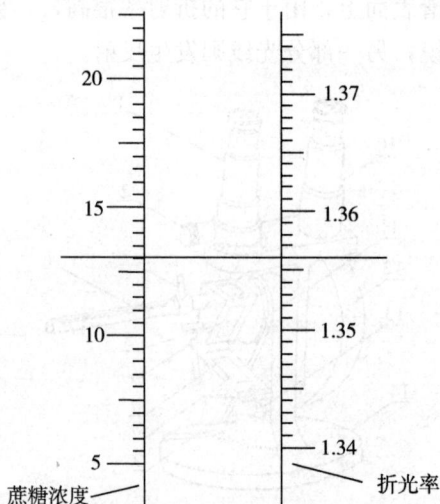

实验测得折光率为：1.356+0.001×1/5=1.3562

图 13-3　阿贝折射仪的刻度盘读数

四、仪器校正

折射仪刻度盘上标尺的零点有时会发生移动，须加以校正。校正的方法是用一种已知折光率的标准液体，一般是用纯水，按上述方法进行测定，将平均值与标准值比较，其差值即为校正值。在精密的测定工作中，须在所测范围内用几种不同折光率的标准液体进行校正，并画成校正曲线，以供测试时对照校核。

若校正值较大，整个仪器必须重新调校。首先转动左边的刻度盘旋钮，使读数镜内的标尺等于测量温度下的重蒸馏水的折光率（蒸馏水的折光率如表 13-1 所示）。调节反射镜，使入射光进入棱镜组，从测量望远镜中观察，使视场最亮，调节测量镜，使视场最清晰。转动消色散调节器，消除色散产生的彩色光，再用特制的小螺丝刀旋动右面筒镜下的调节螺丝，使明暗交界和"十"字交叉重合，校正结束。

表 13-1　不同温度下纯水的折射率

温度（℃）	折射率 n_D	温度（℃）	折射率 n_D	温度（℃）	折射率 n_D
14	1.3348	15	1.3341	16	1.3333
18	1.3317	20	1.33299	22	1.33281
24	1.33262	26	1.33241	28	1.33291
30	1.33192	32	1.33164	34	1.33136

五、仪器使用注意事项

1. 如果在目镜中看不到半明半暗，而是畸形的，这是因为棱镜间液体太少导致。如果出现弧形光环，则可能是有光线未经棱镜面而直接照射到聚光镜上。

2. 阿贝折射仪在使用前后，棱镜均需用丙酮或者乙醚等洗净、干燥。滴管等硬物不得接触镜面，只能用擦拭镜面的丝巾或者擦镜纸吸干液体，不得用力擦拭。

3. 使用完毕后，要放尽金属套内的恒温水，拆下温度计，将仪器擦净，放入仪器盒内。

4. 酸碱等腐蚀性液体不得使用阿贝折射仪测定其折光率，可改用浸入式折光仪。

六、其他类型折射仪

目前市场上出现了更多类型的折射仪，例如自动阿贝折射仪、单目阿贝折射仪、数字阿贝折射仪，其原理大致相同。具体使用方法可参考仪器配套的使用说明书。

第二节　电导率仪的原理及使用方法

电解质电导是溶液的一种性质。它不仅反映了电解质溶液中离子存在的状态及运动的信息，而且由于稀溶液中电导与离子浓度之间的简单线性关系，而被广泛用于分析化学与化学动力学过程的测试。

一、电导及电导率

电导是电阻的倒数,因此电导值的测量,实际上是通过电阻值的测量再换算的。溶液电导测定,由于离子在电极上会发生放电,产生极化,因而测量电导时要使用频率足够高的交流电,以防止电解产物的产生。所用的电极镀铂黑减少超电位,并且用零点法使电导的最后读数是在零电流时记取,这也是超电位为零的位置。

对于化学家来说,更感兴趣的量是电导率。

$$k = L\frac{l}{A} \tag{13-1}$$

式中 l 为测定电解质溶液时两电极间距离,单位为 m;A 为电极面积,单位 m^2;L 为电导,单位 S(西门子);k 为电导率,指面积为 $1m^2$、两电极相距 $1m$ 时,溶液的电导,单位 S/m(西门子每米)。

电解质溶液的摩尔电导率 Λ_m 是指把含有 1mol 电解质的溶液置于相距为 1m 的两个电极之间的电导。若溶液浓度为 c(mol/L),则含有 1mol 电解质溶液的体积为 10^{-3} m^3/c。摩尔电导率的单位为 $S \cdot m^2/mol$。

$$\Lambda_m = \kappa \times \frac{10^{-3}}{c} \tag{13-2}$$

若用同一仪器依次测定一系列液体的电导,由于电极面积(A)与电极间距离(l)保持不变,则相对电导就等于相对电导率。

二、电导的测量及仪器

1. 平衡电桥法

测定电解质溶液电导时,可用交流电桥法,其简单原理如图 13-4 所示。

将待测溶液装入具有两个固定的镀有铂黑的铂电极的电导池中,电导池内溶液电阻为:

$$R_x = \frac{R_2}{R_1} \times R_3 \tag{13-3}$$

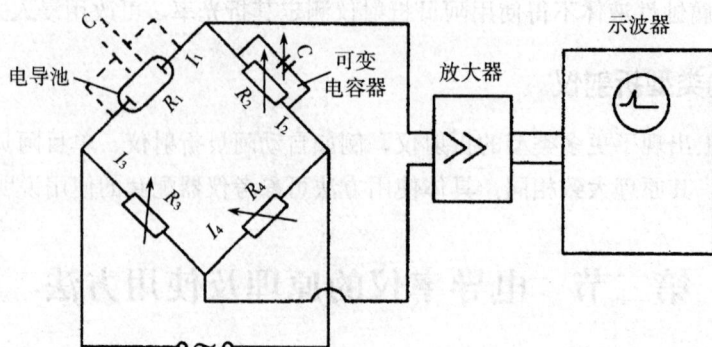

图 13-4　交流电桥装置示意图

因为电导池的作用相当于一个电容器，故电桥电路就包含一个可变电容 C，调节电容 C 来平衡电导池的容抗。将电导池接在电桥的一臂，以 1000Hz 的振荡器作为交流电源，以示波器作为零电流指示器（不能用直流检流计），在寻找零点的过程中，电桥输出信号十分微弱，因此示波器前加一放大器，得到 R_x 后，即可换算成电导。

2. DDS-11A 型电导率仪

测量电解质溶液的电导率时，目前广泛使用 DDS-11 型电导率仪，它的测量范围广，操作简便，当配上适当的组合单元后，可达到自动记录的目的。

（1）测量原理　由图 13-5 可得：

$$E_m = \frac{ER_m}{R_m + R_x} = \frac{ER_m}{R_m + \dfrac{Q}{\kappa}} \tag{13-4}$$

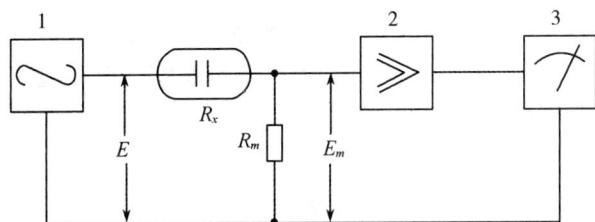

1. 振荡器；2. 放大器；3. 指示器

图 13-5　测量示意图

由式（13-4）可知，当 E、R_m 和 Q 均为常数时，由电导率 κ 的变化必将引起 E_m 做相应变化，所以测量 E_m 的大小，也就测得液体电导率的数值。

（2）DDS-11A（T）数字电导率仪使用方法　DDS-11A（T）数字电导率仪采用相敏检波技术和纯水电导率温度补偿技术。仪器特别适用于纯水、超纯水电导率测量。

主要技术性能：

测量范围　　　　0～2S/cm

精确度　　　　　±1%

温度补偿范围　　1～18mS/cm 纯水

仪器的使用：

①接通电源，预热 30 分钟。

②将温度补偿电位器（W_1）旋钮刻度线对准 25℃，按下"校正"键，调节"校正"电位器（W_2），使显示值与所配用电极常数相同。例如，电极常数为 0.96，调节仪器数显为 0.960；电极常数为 1.02，调节仪器数显为 1.020。若电极常数为 0.01、0.1 或 10 的电极，必须将电极上所标常数值除以标称值。如电极上所标常数为 10.3，则调节仪器数显为 1.030。即

$$\frac{10.3（电极常数值）}{10（电极常数标称值）} = 1.030$$

调节"校正"电位器时，电导电极需浸入待测溶液。

③测定时，按下相应的量程键，仪器读数即是被测溶液的电导率值。

若电极常数标称值不是 1，则所测的读数应与标称值相乘，所得结果才是被测溶液的电导率值。如电极常数标称值是 0.1，测定时，数显值为 $1.85\mu S/cm$，则此溶液的实际电导率值是：

$$1.85\times 0.1=0.185(\mu S/cm)$$

电极常数标称值是 10，测定时，数显值为 $284\mu S/cm$，则此溶液的实际电导率值是：

$$284\times 10=2840(\mu S/cm)=2.84(mS/cm)$$

④温度补偿的使用：

（a）根据所测纯水纯度（$mS\cdot cm^{-1}$），将纯水补偿转换开关（K_2）置于相应档位，温度补偿置于 25℃。

（b）按下校正键，调节校正旋钮，按电极常数调节仪器数显值。

（c）按下相应量程，调节温度补偿器（W）至纯水实际温度值，仪器数显值即换算成 25℃时纯水的电导率值。

（3）注意事项

①电极的引线、连接杆不能受潮、沾污。

②在 K（量程转换开关）转换时，一定要对仪器重新校正。

③电极选用一定要按表 13-2 规定，即低电导时（如纯水）用光亮电极，高电导时用铂黑电极。

④应尽量选用读数接近满度值的量程测量，以减少测量误差。

⑤校正仪器时，温度补偿电位器（W_1）必须置于 25℃位置。

⑥温度补偿电位器（W_1）置于 25℃，K_2不变，备量程的测量结果均未温度补偿。

表 13-2　电极选用表

量程	开关（K_1）	测量范围 $\mu S/cm$	采用电极
0~2		0~2	J=0.01 或 0.1 电极
0~20	$\mu S/cm$	0~20	J=1 光亮电极
0~200		0~200	DJS-1 铂黑电极
0~2		0~2000	DJS-1 铂黑电极
0~20	mS/cm	0~20000	DJS-1 铂黑电极
0~20		0~2×10⁵	DJS-10 铂黑电极
0~200		0~2×10⁶	DJS-10 铂黑电极

主要参考书目

1. 宋毛平，何占航．基础化学实验与技术．北京：化学工业出版社，2008.

2. 彭松，林辉．有机化学实验．北京：中国中医药出版社，2013.

3. 陈振江．物理化学实验．北京：中国中医药出版社，2012.

4. 陈振江，刘幸平．物理化学实验．北京：中国中医药出版社，2009.

5. 张师愚，杨慧森．物理化学实验．北京：科学出版社，2003.

6. 张师愚，陈振江．物理化学实验．北京：中国医药科技出版社，2014.

7. 崔黎丽．物理化学实验指导．北京：人民卫生出版社，2007.